中国十大名茶品鉴

李洁 主编

上海科学技术出版社

图书在版编目（CIP）数据

中国十大名茶品鉴／李洁主编．—上海：上海科学技术出版社，2015.8
ISBN 978-7-5478-2667-6

Ⅰ．①中…　Ⅱ．①李…　Ⅲ．①茶叶－品鉴－中国
Ⅳ．① TS272.5

中国版本图书馆 CIP 数据核字 (2015) 第 116407 号

中国十大名茶品鉴
李　洁　主编

上海世纪出版股份有限公司
上 海 科 学 技 术 出 版 社　出版
（上海钦州南路 71 号　邮政编码 200235）
上海世纪出版股份有限公司发行中心发行
200001　上海福建中路 193 号　www.ewen.co
上海中华商务联合印刷有限公司印刷
开本 889×1194　1/32　印张 7.5
字数：200 千字
2015 年 8 月第 1 版　2015 年 8 月第 1 次印刷
ISBN 978-7-5478-2667-6/TS·166
定价：48.00 元

本书如有缺页、错装或坏损等严重质量问题，
请向工厂联系调换

编 委 会

主　编：李　洁

编　委：李淳朴　霍秀兰　陈方莹　张　萍

　　　　江乐兴　高　海　石　磊　吕婷婷

　　　　王　庄　顾新颖　陈鹤鲲　高莺歌

　　　　胡淑华　王　磊　张　庆　李　良

前 言

茶叶在我国有着丰富的文化内涵和悠久的历史底蕴。各式各样的茶叶品种，姹紫嫣红，争奇斗艳，犹如春日里的百花，分外妖娆。中国的名茶就是那漫山遍野的花色品种茶叶中的绝品。中国人饮茶，注重一个"品"字。"品茶"不只是鉴别茶叶的好坏，也带有神思遐想和陶冶情致之意。饮茶，既可以健康养生，还能够怡情养性，既可以以礼待客，又能够鉴赏香茗。总之，中国的茶文化融合佛、儒、道诸派思想，独成一体，是中国文化中一朵绚烂的奇葩！

按照加工工艺的不同，各种茶类的茶饮功效是不同的。我国最具影响力的茶叶要数"中国十大名茶"，这十大名茶被誉为茶叶精品中的珍品，具有很高的茶饮功效和鉴赏价值，在整个茶叶市场中占据举足轻重的地位。那么茶该如何喝？又该怎样选呢？从本书中你或许能找到明确的答案。

本书从泡茶的艺术娓娓道来，将茶叶的鉴赏、用水、泡茶道具、茶具材质和悠悠茶道等方面做了详尽的探讨，将中国十大名茶的茶史、选购、储存、冲泡方法、茶饮功效、茶疗秘方和茶叶的文化底蕴一一详细地进行了阐述。这是一本爱茶者的入门普及饮茶宝典，同时也具有很高的珍藏价值。书中对中国十大名茶中的每一种都配有精美图片，使读者在阅读后对各类名茶的性质有了初步准确的理解，并能从中找到适合自己饮用的一款或多款名茶。再选用适宜的冲泡方法冲泡出茶香四溢的好茶，爱茶者在品茗沁人心脾的茶香的同时，还可以净化身心，得到出于生活而又高于生活的美好享受。

Contents
目 录

第一章　泡茶的艺术——好水好器泡好茶

第二章　西湖龙井——西子湖畔若兰香

第三章　洞庭碧螺春——太湖佳茗似佳人

第一章 泡茶的艺术——好水好器泡好茶

茶叶鉴赏

※ 茶形

中国是历史悠久的茶文化的文明古国，历来就有"中华茶苑多奇葩，色香味形惊天下"的美称。中国的茶树分布在不同的位置，不同的自然条件，光照强度不同，成就了形形色色的茶叶，再经过人们后天不同程度的茶叶加工处理就形成了不同茶形。

茶叶的形状以长条形居多，大致分为以下几种。

扁形茶：外形扁条挺直，像柳树枝条般纤细挺直。如绿茶中的龙井、旗枪等。

颗粒形茶：形状像小颗粒的茶叶。如红茶中的碎茶、冷冻的速溶茶等。

针形茶：外形像针一样的茶叶。如黄茶中的君山银针、安化松针、白毫银针，绿茶中的南京雨花茶等。

圆形茶：外形像圆珠形的茶叶。如绿茶中的涌溪火青、平水珠茶蟹目香珠等。

卷曲条形茶：即卷曲成条形的茶叶。如绿茶中的洞庭碧螺春、高桥银峰、都匀毛尖等。

螺钉形茶：茶形两端形成螺丝钉形的茶叶。如青茶中的铁观音、色种、乌龙茶等。

片形茶：有整片形状和碎片形状两种。整片形的茶叶如绿茶中的六安瓜片；碎片形茶叶如绿茶中的秀眉等。

尖形茶：外形两端如针尖形状的茶叶。如绿茶中的太平猴魁茶等。

花形茶：茶叶和茶芽组成如花瓣一样的茶叶。如绿茶中的小花仙、舒城小兰花，白茶中的君子白牡丹等。

月牙形茶：形状像月牙般弯曲较小，外形浑圆如月牙，一般由细嫩单芽加工而成，外形浑圆、稍稍弯曲。如江苏的太湖翠竹、浙江的仙龙香茗等。

棱形茶：两头较尖、中间宽的棱形状，茶叶挺直、叶片肥厚，一般以茶叶与茶芽作为主要原料。如浙江的太白顶芽、望府银毫、特级开化龙顶、仙都笋峰等。

盘化圆形茶：茶条合拢一块卷曲盘旋成圆，加工时茶叶先成条而后成圆。如浙江的泉岗辉白、临海蟠毫、眉茶中的贡熙和中国台湾冻顶乌龙茶。

矛形茶：形状如同矛状，茶条笔直扁平如矛。主要以单芽为原料加工而成，如安徽的西涧春雪、重庆的罗云翠茗、雪水云绿等。

凤爪形茶：形状似凤爪，芽叶笔直成条，相互合拢一块。如江西的泉港龙爪、双井绿茶。

蝌蚪形茶：形如豆芽状，茶条顶端卷曲成团似蝌蚪。如江南乌龙茶的铁观音。

环圆形茶：茶条弯曲成环。如重庆永川银环茶。

圆柱形茶：形如圆柱状的小圆球，圆圆滑滑似珍珠。如大宗茶中的珠茶、花茶中的茉莉龙珠等。

腰圆形茶：花茶卷曲成圆形，大小均匀。如安徽的涌溪火青、浙江武岭茶等。

雨点形茶：颗粒不太规则，短钝似雨点状。如眉茶中的雨茶。

沙粒形茶：颗粒细小且不太规则，紧卷成颗，略具棱角。如绿碎茶、红碎茶中的花碎橙黄白毫、碎橙黄白毫等。

环形茶：条索细紧，弯曲呈圆环状。如银重庆永川的环茶。

团块形茶：毛茶经过复制蒸压形成团块状的茶。由不同形状又分为砖形茶、饼形茶、碗形茶、枕形茶等。

花束形茶：即用消毒的线捆扎成的花束般的茶。如绿茶中的绿牡丹茶等。

※ 茶色

在博大精深的中华文化中，饮茶已成为人们日常生活中不可或缺的一部分。色彩缤纷的茶色早已走进我们的视觉。茶按照不同的颜色，大致分为以下6种。

绿茶：顾名思义，茶的颜色是绿色的。在众多的茶品中，产量居中国首位的当属绿茶，它的花色品种之多也居世界首位。我国绿茶主要产地分布在浙江、安徽、江西等，这些地区的绿茶产量最多、质量最优。

绿茶香高味长、品质优异、造型出众，具有很高的艺术鉴赏价值。绿茶"清汤碧叶，收敛性强"，富含叶绿素、茶多酚、维生素等成分，有延年益寿、杀毒消炎等功效。其代表品种有碧螺春、龙井茶、黄山毛峰、庐山云雾等。

白茶：是轻度发酵的茶(发酵度为20%～30%)，具有汤色清鲜、黄绿清澈、滋味清淡、回味甘甜的特点。白茶之所以是白色的，主要是因为叶背较多的白茸毛在加工时被很好地保存了下来。

白茶的功效有很多，不仅具有清热、驱寒、解毒、降火的功效，还能降血压、降糖、防治心脑血管病等慢性病，其代表品种有白牡丹和白毫银针。

红茶：起源于中国，最早的红茶叫正山小种。红茶在开始创作时叫"乌茶"，制作工艺一般分为萎调、揉捻、发酵、干燥等。因为其泡好的汤色一般为红色，所以被人称为红茶。红茶干叶色泽乌润，味道醇和甘浓，汤色鲜明红润。主要有生津清热、提神消疲、利尿等功效。其主要代表有中国台湾乌龙茶、武夷岩茶、铁观音等。

红茶按其工艺不同，又分为小种红茶、工夫红茶、红碎茶。

1. 小种红茶：起源于武夷山一带，最早开启了中国红茶的新纪元。

小种红茶产自福建省，有正山小种和外山小种之分。正山小种独具首位，主要是因为产自武夷山一带，那里海拔适宜，冬暖夏凉、雨量充沛，茶树长势茂盛，而且枝叶肥厚，产出的红茶质量特别优质。

2. 工夫红茶：是我国特有

的一种红茶，素有"小玫瑰"之称，也是我国主要的出口茶种。其中久负盛名的当属产自安徽祁门一带的"祁红"和产于云南的"滇红"。其色泽乌黑油润、汤色艳明红亮、香气迷人、高鲜嫩甜，带有玫瑰芳香。

3．红碎茶：国产红碎茶生产较晚，始于20世纪50年代后期。主要用云南大叶种茶树鲜叶萎凋、揉捻或揉切、发酵、干燥而制成。红碎茶的茶汁浸出快、浸出量大，最适合制成"袋泡茶"，以便日常生活中饮用。

黑茶：起源于四川，其年代可追溯到唐代，主要产区是四川、云南、湖南、湖北等地。黑茶属于全发酵茶，其采用的原料粗老，发酵时间较长，颜色呈暗褐色。黑茶具有补充膳食纤维、抗氧化、延年益寿、助消化、降血脂、降血糖、利尿解毒、降低

烟酒危害等功效。主要代表有云南的普洱茶、湖北老青茶、湖南黑茶、广西六堡茶等。

黄茶：在国际大宗茶品中占主导地位，也是我国出口量最大的茶叶。黄茶的产地一般分布在湖南、安徽、四川等地。

黄茶属于轻微发酵茶，它的发酵度为10%～20%。在整个制茶工艺过程中，经过闷堆渥黄而形成黄叶、黄汤，气香清悦，汤色似黄金，滋味醇厚，具有消食健胃、止咳化痰等功

效。其主要代表有平阳黄汤、沩山毛尖、君山银针茶等。

青茶： 有"美容茶"之称。产区主要分布在福建的闽南和闽北、广东、中国台湾等地，近年来湖北、四川也有少量生产。

青茶属于半发酵茶，即乌龙茶，色泽较深，青褐如铁，其发酵度为30%～60%，在我国几大茶类中，独具风骚，鲜明别致。青茶既有绿茶的清淡，又有红茶的甘甜。尖绿缘红，有"绿叶红镶边"的美称。其汤色金黄，味觉天然醇厚，真是一种美的馈赠。它具有分解脂肪、美容养颜、提高新陈代谢等功效。主要代表有台湾乌龙、凤凰单枞、铁观音等。

※ 茶香

中国茶的种类数不胜数，加之地域、栽培条件、鲜叶质量等的影响，茶的香气也复杂多样。

如凡有白毫鲜叶的茶，在冲泡时会散发出特有的香气，我们称之为毫香型茶香。凡鲜叶新鲜柔软，一芽二叶初展，制茶及时的，冲泡时会有嫩香型茶香。那些能散发出类似各种鲜花香气的茶叶，我们称之为花香型茶香。同理，那些茶叶散发出类似各种水果香气的，我们称之为果香型号茶香。

除此之外，茶香还分为甜香型、火香型、陈醇香型、松烟香型。如果按照茶色来区分茶香的话，那么白茶、红茶、黄茶、绿茶、青茶和黑茶都具有属于各自特色的茶香。

※ 茶味

　　"品滋味"在整个品茶的过程中尤为重要。但是茶的味道究竟有多少种，恐怕没人能说得清楚。如绿茶的清香、花茶的浓香、工夫茶的苦香等都会令人回味无穷。专业的品茶人士将茶味分为3个品鉴标准：醇厚度、爽口度和回甘度。

　　以西湖龙井为例，它的基本特征是醇和甘鲜。品茶的时候清香爽口、香高优雅、唇齿留香。黄山毛峰的茶味具有汤鲜味足、醇厚香浓、韵味十足的特征。庐山云雾则具有滋味醇厚、香气芬芳、香味持久的特征。

　　总之，不同的茶都有各自不同的复杂味道，需要细细品味。当到达一定境界时，品出的就不仅仅是茶本身的味道了，它与喝茶人的品性、喝茶的环境等都有很大的关系。

用水选择

※ 山泉水

山泉水属于天然泉水，采自无污染的山区。山区一般都是山峦重叠，山上树木茂盛。从山峦断层细流而形成的山泉水是一种很好的泡茶用水，水质清澈、味道甘甜，而且还富含二氧化碳和对人体有益的微量元素，含铁、氟较少，山泉水泡出来的茶比较好，能把茶的色香味形体现得淋漓尽致。山泉水是不宜久放的，越新鲜的山泉水泡出来的茶越接近原汁原味。然而，并非所有的山泉水都可以用来泡茶，如硫黄矿泉水是不能用来泡茶的。

※ 江湖水

江湖水属于天然水的一种。选择江湖水要充分考虑到水源、地理、气候等方面对水质的影响，选择江湖水都要求洁净、甘甜、清冽、无异味等作为选水标准。有些茶对选用的水特别挑剔，最好的方法为"就近取物"。就是说，从产茶地区就近选取泡茶用水，这样可以达到茶水互溶的最佳效果。

※ 雪水

雪水通常被人称为"天泉"，但近年来，由于环境污染严重，雪水早已不是原来的纯洁如玉的水质了，因此一般人们不用它作为泡茶用水。

※ 井水

井水属于地下水，与山泉水一样，深受地表环境的影响。一般井水属于地表浅水，特别在城区附近的，一定要注意是否受周围环境污染的影

响。优质的深井活水，水质晶莹剔透，清凉干爽，可以泡出一壶好茶。唐代陆羽在《茶经》里提到的"井取汲多着"说的就是井中活水。"好茶配好水，好水沏好茶"，像井中活水这样优质的地下水，怎能少了品质优异的好茶与之相伴！

※ 蒸馏水

蒸馏水属于人为加工出来的纯净水。用这种水泡茶，对茶香没有好处也没有坏处。由于这种水加工成本较高，因此一般茶饮爱好者不用它来泡茶。

※ 雨水

雨水属于纯天然水。采用雨水泡茶首先看水质是否纯清，悬浮物是否较少，颗粒用肉眼看不到方可采用。其次要闻水是否有异味，有没有被氧化等。最后要测一下雨水的pH是否为中性，硬度要在25度为宜。对于无污染的山区茶农们，来自大自然的天然雨水是他们泡茶用水的最好选择，普通的雨水经过稍加处理照样可以泡出地道的茶香。在这里，他们可以坐在茶树下，饮着自家的香茶，欣赏着满天遍野的茶花，并且吟诗作赋，是一种无比美妙的享受。当然，对于有深度工业污染的地区是绝对不能用雨水作为泡茶用水的。

※ 自来水

自来水属于日常饮用水。自来水含氟量较高，直接用自来水泡茶会破坏茶味，这主要是因为氟会与茶多酚发生化学反应，使茶失去应有的茶味。用自来水泡茶要经过以下几个步骤：除氟，把自来水加热至沸腾约5分钟，或者将自来水装在无盖的容器中静放一天，待氟完全挥发后再用。渗透过滤，除去自来水中矿物质、在自来水中加入活性炭方可。降温，可将热至沸腾的水降温至茶所适宜的温度再加以冲泡。

茶具材质

※ 粗陶茶具

粗陶茶具属于一种最原始的陶瓷制品，主要采用易熔黏土加热烧制而成。粗陶一般比较粗糙，主要是因为人们在制作的时候为了防止它加热后收缩，所以在黏土中加入一些砂和土。明朝时期，景德镇的陶瓷闻名于世，它的制造工艺已由原先的粗陶过渡到较细的陶瓷。在这一时期，景德镇的青瓷已达到登峰造极的地位。清朝康熙、雍正、乾隆年间

是整个陶瓷业最为辉煌的阶段，各种上釉和釉上彩已非常丰富。

粗陶茶具的材质较松软，颗粒形状较大，烧制温度较低，一般为900～1 500℃。陶的色泽古朴大方，自然温和，是很多艺术家追捧的对象。陶的种类可分为红陶、白陶、黑陶、灰陶、黄陶。含铁元素的陶土烧成陶器后，一般呈红陶、灰陶、黑陶。氧化的铁呈红色，还原的铁呈黑色或灰色。在现代饮茶生活中，粗陶茶具不受欢迎，因为它胎质粗糙易渗漏。

※ 瓷器茶具

我国的瓷器茶具是继陶制茶具后发展形成的一种茶器。瓷器茶具的优越性超过了陶制茶器，随之陶制茶器逐渐被瓷质茶具所代替。瓷质茶器比较耐高温，烧制温度大约为1 300℃，瓷质茶具的质感细腻、坚硬、细密、光滑。有人形容瓷器茶具"声如磬，白如玉，薄如纸，明如镜"。瓷质茶具给人华丽大气、高贵奢华的韵味，与陶制茶具的质地淳朴大方的韵味恰恰相反。

瓷器茶具可分为白瓷茶具、青瓷茶具、黑瓷茶具。白瓷茶具深受广大泡茶爱好者的喜好，也是各类饮茶器皿中的佳品。白瓷茶具白色如

玉、细腻光滑、色泽洁白，把茶汤茶色反映得淋漓尽致，再加上它传热保温性能良好，能较长时间的保存茶的色、香、味。青瓷茶具色泽青翠、华而不艳，造型优美有神韵，釉色低调有内涵，胎骨厚实有造诣。由于色泽呈青翠色，因此一般人们用它来泡绿茶，恰好与绿茶的茶汤相吻合，而用于其他茶，易使茶汤变色。黑瓷茶具造型别具一格，釉色暗黑、胎骨厚重、质地细腻，一般作为黑茶和白茶的主要茶饮器具。

※ 玉石茶具

玉石茶具是用玉石雕刻而成的茶器，质地细腻光滑，温润有形，且造价昂贵，传热保温效果一般，它更多的时候作为饮茶文化的一种艺术珍品，而在生活中使用较少。

※ 紫砂茶具

紫砂茶具属于陶制茶具中的一种。在紫砂茶具中久负盛名的当属宜兴紫砂壶了，它是用宜兴的陶土烧制而成的，火温1 150～1 180℃，其质地密致、细腻，色泽古朴典雅、丰满有致。"土与黄金争价"说的就是宜兴的陶土，是名副其实的"惜土如金"。紫砂壶为历代饮茶爱好者所青睐。用紫砂茶具泡茶，既可吸附茶汁，又能很好地保存茶的香味，将茶香、茶味、茶色融

为一体。紫砂茶具还有保温、透气、蓄香的功效。唯一的不足就是容易藏污纳垢，不宜清洗。

※ 木鱼石茶具

木鱼石茶具是指用整块木鱼石石块做成的茶具。木鱼石是一种很罕见的石头，可以预示吉祥、辟邪，而且还是一种矿物质，经常使用可以达到保健养生等功效，其光泽比玉还亮，质地细滑均匀，易清

洗。木鱼石茶具通透性特强，耐腐蚀性强，而且对茶叶吸附性较强。木鱼石茶具绝对是一种超好的茶具选择。

※ 金属茶具

金属茶具是指金属材质制成的茶具，主要采用金、银、铜、锡等不易氧化的金属。金属茶具在中国历史上存在的时间较短，在我国古代的宫廷茶宴上也是昙花一现。金属茶具导热性较强，很容易烫手，保温效果也不好，现在很少有人用它了。

※ 竹木茶具

竹木茶具是用竹子或木材作为饮茶器具，它的特点就是物美价廉，经济实惠。像福建产的乌龙茶木盒、黄阳木罐、二簧竹片茶罐等，具有很高的艺术收藏价值。在少数地区，茶民用木碗泡茶的现象不足为奇。竹木材质纯朴无华，具有不导热、不烫手的

优点。与其他茶器相比，竹木茶具显得别具一格。

※ 漆器茶具

漆器茶具产于清代，产地为福建福州，也称之为"双福"。福州的漆器茶具闻名于世，有宝砂闪光、金丝玛瑙、仿古瓷等美誉。漆器茶具的特点质地细腻，胎骨多姿多彩，色泽绚丽夺目，不仅可以作为饮茶用具，而且还有很高的艺术欣赏价值。其保温效果一般，但较易清洗。

※ 玻璃茶具

玻璃茶具是指用玻璃加工而成的茶具。它的质地晶莹剔透，光彩夺目，备受饮茶爱好者的青睐，使人在品茶的同时，对茶色、茶形、茶汤的观赏一览无余，别有风味。玻璃茶具易清洗、导热慢，保温效果好，是一种不错的饮茶器具。

烹茶道具

※ 茶壶

茶壶是一种主要的泡茶容器，由壶身、壶盖、壶底、圈足等4个部分组成，一般有陶壶、瓷壶、玉壶、木鱼石壶等。茶壶不但要求外表美观、质地均匀，还要求具有实用价值、耐高温、耐冲泡等特点。茶壶易浅不易深，茶盖宜紧不宜松，出水壶嘴要与壶口在一个水平面上。

※ 茶盅

茶盅又被称作茶海或公平杯。杯体有个杯口，通常把泡好的茶水全部从杯口倒入茶盅中，将茶汤浓度均匀，还可以很好地沉淀茶渣。

※ 茶瓯

茶瓯是典型的唐代茶具之一，现在也叫茶碗、茶杯，是一种盛放茶水并可饮用的杯子。

※ 盖置

盖置是放置茶壶盖和茶盅盖、杯盖的器具，避免各种杯盖粘到污垢，也可防止杯盖上的水蒸气沾湿桌面。

※ 盖碗

盖碗是盛放泡好茶水的碗，它由杯盖、茶碗、杯托3个部分组成。饮茶人多将它作为饮茶用具。

※ 茶船

茶船是用来盛茶壶的器皿，也有人称它为茶池、茶盛。当茶水从茶壶中溢出时，茶船能很好地把水给接住，以防止茶水弄脏桌子。茶船多用陶制品，耐水冲泡而且耐高温，还有保温的功能。茶船造型多种多样，形状不一，在人们品茶的闲暇，供给人一种艺术欣赏。

※ 茶荷

茶荷是取茶时用到的临时盛放茶叶的器皿。它的作用与茶匙、茶漏功能相似，但它还有其他功能：茶荷在取茶时可以测出茶罐中茶叶剩余量，可以看到取茶量的多少，可以观察到茶形、茶色，也可以闻其茶香。

※ 茶托

茶托就是承载品茗杯和闻香杯的碟子。防止茶杯与桌面发生摩擦，还可保持桌面清洁。

※ 茶盘

茶盘是放茶杯或其他茶具所用的盘子，一般用竹木或陶瓷作为原料。

※ 茶洗

茶洗是用来盛放泡茶用具或盛茶用具的器皿。它由两层组成，上层是有孔的盘，下层是一个盛水的容器，主要是用来承接所放茶具溢出的水滴。材质多采用竹、木、陶、金属等制成。

※ 茶筅

茶筅是一种精细切割而成的竹筷，用来搅拌粉末茶。

※ 闻香杯

闻香杯是便于闻茶香所用的杯子，容量与品茗杯相同，但它的杯身较深，便于聚茶香。

※ 品茗杯

品茗杯是用来品茶及观赏茶的汤色所用的杯子，大多为白瓷、紫砂或玻璃制成。

※ 茶炉

茶炉是开水泡茶用的开水炉子，又叫茶水炉、开水炉，可分为燃煤茶炉、燃油茶炉、燃气茶炉等。现在大多采用电茶炉，插电即可使用，十分方便。

※ 茶滤

将茶水倒入茶杯中，在茶杯口放置茶滤，主要用于过滤茶叶渣，防止茶叶渣进入茶杯中。

辅助道具

※ 茶筒

茶筒又称茶道组，盛放茶针、茶夹、茶匙的有底插筒。

※ 茶夹

茶夹是一种夹子，用来取放品茗杯。

※ 茶漏

茶漏类似于倒水时用的漏斗，用于增大壶口容积，以防止拨入茶壶的茶叶洒落到桌面上。

※ 茶匙

茶匙是将茶从茶荷中取出时所用的小匙，一般有手柄，类似勺子。

※ 茶则

茶则是将茶从茶罐中取出的器具。

※ 养壶笔

养壶笔是用于养护、保养茶壶和茶海的专用笔。它的笔尖一般使用动物的鬃毛制成，制作精致，握笔顺手，能无死角地养护茶壶，通常用于养护高档的紫砂壶、陶瓷壶、玉壶等。

※ 茶针

茶针是用来疏通茶嘴的细针，便于茶水从茶嘴中慢慢流出，不会飞溅。

※ 茶巾

茶巾用来擦拭茶壶或茶海底部的水珠，同时还可以擦拭桌面上的水滴，或者擦拭茶具上的棉绒物。

※ 茶巾盘

茶巾盘用以盛放茶巾、温度计等物品的盘子，其作用是可以使桌面干净、整洁。

※ 茶宠

茶宠是用茶水滋养培育的宠物。它是由紫砂或澄泥烧制而成的陶制品，形状不一，造型通常有金蟾、辟邪、小动物、人物等。人们在品茶的同时，可将剩余的茶汤浇灌于茶宠身上。这样长久浇灌后，茶宠可温润如玉，茶香四溢。

※ 茶箸

茶箸的形状像筷子，主要用于搅拌茶汤，刮去头道茶沫，夹取茶渣。

※ 茶刀

茶刀是用来撬取紧压茶的工具，如饼茶、砖茶、沱茶等。

※ 茶锥

茶锥与茶刀作用相似，都是用来撬取紧压性茶的主要工具。

※ 茶瓮

茶瓮属于一种储茶的容器，可作为短期间存茶的工具。按照釉质可分为稀釉茶瓮、全釉茶瓮、无釉茶瓮。

※ 茶叶罐

茶叶罐是存储茶叶所用的罐子，一般在阴凉避光的条件下储存。材质大多采用陶瓷、金属等。

泡煮之法

※ 煮茶法

我国在唐代以前没有烹茶法，人们习惯将生茶叶直接加入水中煮沸。到了唐代时期，人们开始采用干茶叶煮茶的方式烹茶。陆羽在《茶经·五之煮》就有详细记载，大体就是先将茶碾碎，取甘洌的井水或泉水倒入釜中，把茶叶放入水中，将水烧开，两沸后，取茶汤饮用即可。

※ 点茶法

点茶法是宋代人发明的一种茶艺，它是继煮茶法而来的一种新式的泡茶茶艺。点茶法被宋代人斗茶所用，茶人自吃常用此法。点茶法的具体步骤就是，将茶饼碾碎置入碗中，用釜烧水，待水微沸初漾时，即将其冲点碗中茶叶，同时用茶笼搅拌，使茶叶与水充分交融。

※ 紫砂壶泡茶法

在现今人们饮茶的茶具中，紫砂壶是一种很好的泡茶用具。在居家、高档的饮茶会所中，紫砂壶绝对不失为一种最好的选择。紫砂壶中

不仅含有对人体有益的矿物质和微量元素等，而且紫砂壶本身通透性较强，对茶汁有很好的吸附作用。长期使用紫砂壶泡茶，可使泡出来的茶色香味俱全。

用紫砂壶泡茶一般分为以下几个步骤：温壶、温茶杯—投放茶叶—将洗茶水倒掉—充分冲泡—饮茶—品茶。需要注意的是洗茶时动作一定要快，只要把茶叶的香味唤醒即可马上将水倒出。适合用紫砂壶泡茶的茶叶有武夷大红袍、宫廷普洱茶等。泡茶用具包括基本工夫茶具一套、紫砂壶一把、电水壶一把。下面就以武夷大红袍为例。

温杯、温壶：将茶杯和紫砂壶用约90℃的开水冲淋，使茶杯、茶壶受热均匀。

投茶：将3～5克的大红袍，用茶匙放入紫砂壶中。

洗茶：洗茶讲究一个快字，将90～95℃的沸水冲入紫砂壶中，使茶香唤醒即可。

泡茶：将洗茶水倒去，注入刚才温度的沸水，大约焖泡4～5分钟。

品茶：待茶香味出来，就可以观茶形、闻茶香、品茶汤。

※ 盖碗茶法

盖碗泡茶在人们日常饮茶中是常见的一种泡茶方式。最常用的就是陶瓷盖碗，它的特点是对茶香收拢性特强。材质温润如玉，种类繁多，可分为青瓷、白瓷、红瓷等，盖碗图案较丰富，深受品茶人喜爱。

用盖碗泡茶的步骤与选用紫砂壶泡茶的步骤大同小

异。选用盖碗泡茶步骤为：温杯—投放茶叶—洗茶—充分浸泡—品茶。需要注意的是选用盖碗泡茶最好与公平杯搭配。适合用盖碗泡茶的茶叶有黄山毛峰、六安瓜片、各类散茶、乌龙茶等。泡茶用具包括基本工夫茶具一套、电水壶一个、陶瓷盖碗一个。下面就以黄山毛峰为例。

温杯：将80℃左右的热水淋冲陶瓷盖碗，使其充分受热。

投茶：用茶匙将3～5克的特级黄山毛峰放入陶瓷盖碗中。

泡茶：先将75～85℃的开水加入茶杯，加水量以刚好漫过茶叶为佳。等待1～2分钟后再将开水沿盖碗内壁注满。

品茶：待茶叶充分吸收水分，2～3分钟后，茶香四溢时，就可以品茶汤了。

※ 含叶茶法

含叶茶法就是通过控制茶与水的比例，即使茶叶与茶水不分离仍能保持茶汤的浓度固定在一定范围的一种泡茶法和品饮法。

选用含叶茶法最大的特点就是人们在品茶的同时可以观赏茶叶的

"枝叶连理"。就是将泡好的茶叶还原为"一心两叶"的原有形态。一般选用含叶茶法的茶叶有西湖龙井、白毫乌龙等。

含叶茶法与前面讲的大桶茶法和浓缩茶法都是常用的泡茶方式。选用含叶茶法来泡茶，最主要的是要控制茶水的分量。茶水比例为：水量（毫升）×1.5%＝茶量（克）。按照这个比例刚好能使茶叶中的"水可溶物质"完全释放，刚好达到我们所需要的浓度。

※ 浓缩茶法

浓缩茶法就是将茶泡制出双倍的浓度，冷却至常温，饮用前调取半杯浓缩茶加入半杯高温水，融合调制成标准浓度与适合温度的茶水。

浓缩茶法的泡法就是将茶量加大一倍或将水量减少一半，就可得到双浓度的茶水。浓缩茶法与大桶茶法原则上都是以投放一次茶叶，冲泡一次为原则。因此，只要将浸泡时间加倍或是更长时间，得到的茶汤浓度是不会加倍的。浓缩茶法的好处就是一次性泡茶，可供多人饮用，而且饮茶时间不受时间限制。通常以一段时间饮完效果为佳。

浓缩茶法的具体步骤就是先将泡茶桶内加入所需分量的水，将桶内水温调至所需温度，再加入适量的茶叶后盖上盖，使茶叶与水充分融合，冲泡成双倍浓度的茶汤以备用。

通常在浓缩茶的旁边放置白开水和茶杯，饮茶人可以取半杯浓缩茶再加入半杯白开水。这样就组成了一杯标准浓度和适宜温度的茶，方便饮茶者应饮用。

使用浓缩茶需要注意以下几点。夏天天热，浓缩茶的温度不宜过高，低温有利于茶香的保持；冬天天冷，浓缩茶的温度要稍微高些，如果天气过于寒冷，有必要将茶杯放入保温箱里保温，使调制后的浓缩茶温度适宜。浓缩茶泡好了以后，需要将茶汤快速冷却，效果最佳，可选用将浓缩茶容器带茶汤一起放入冷水中，冷却后备用。切忌直接将茶水放入冰箱里冷却降温，否则会使茶汤失去应有的茶香，也容易变质。

※ 大桶茶法

大桶茶法就是一次性冲泡大量的茶可供多人在一小时内饮用完的一种泡茶方式。大桶泡茶法与浓缩茶法的泡茶原则是一样的，以投放一次性茶叶，冲泡一次为原则。大桶茶法与浓缩茶的不同点就是泡好的大桶茶必须在一小时内饮完。主要原因是时间过长后茶水就凉了，而且时间一长茶水有闷味。如果选择长时间供茶，可选择上面提到的浓缩茶法。

选用大桶茶法首先要考虑茶叶与茶渣的分离。如果是用两个桶，而且每桶上有开阀，就可将茶泡在一个桶内，待茶冲泡好后，将茶汤倒入

另一个桶内。如果只有一个桶，可将茶叶放入一种滤袋中，再将其放入加水的桶中，等到茶水达到需要的浓度后，将滤袋捞出。

大桶泡茶的具体步骤如下。先将大桶加入所需温度的热水，将茶叶或茶叶滤袋投放水中，使茶叶与水充分溶解，加上盖，浸泡5～6分钟，期间用茶笼将茶叶上下搅动一下。倒出一小杯茶汤试饮，若达到需要的浓度，赶紧取

出茶叶滤袋，或将茶汤与茶渣分离。

大桶茶法广义上是指用大桶泡茶，狭义上指用大茶壶泡茶，冲泡好了将其放入小茶壶中备用，这种泡茶法也属于大桶茶法。大桶泡茶需要注意的是茶水要在一小时内趁热喝完为佳。

储存方法

茶叶的吸湿和吸味性极强，若储存的方法不当，放置一段时间后，其香气、滋味和颜色就会发生变化。一般对茶叶的储存要做到这"五要"，即要干燥、要洁净、要避光、要低温、要少氧。下面就介绍几种茶叶常用的储存方法。

木炭储存法：取木炭1千克装入小布袋内，放入瓦坛或小口铁箱的底部，然后将包装好的茶叶分层排列其上，装满密封坛口，木炭应每月更换一次。

冷藏储存法：将新茶装进木制茶罐或铁罐中，罐口用胶带密封，然后放置在温度为5℃的冰箱内。

暖水瓶储存法：购置一个新的暖水瓶，将茶叶装进去后用白蜡封口，再裹上胶带即可。

化学储存法：找一个干净、厚实的塑料袋，将新茶装入，并把除氧剂固定在塑料袋内的一个角上，之后将袋口封好即可。

金属罐储存法：可选用的金属罐有铁罐、不锈钢罐、锡罐等，在选用这些金属罐之前一定要确保其无锈无味，清洁干燥。最好先将茶叶放入塑料袋中，然后再装入金属罐内，盖上盖碗封好即可。

生石灰储藏法：将生石灰装入袋中，然后将其放入容器的中央，再把茶叶用薄纸包好，每包重量大约为500克。将每包茶叶用细线扎好，分别放入容器的四周，最后密封好容器即可。

悠久茶道

※ 发展历史

中国茶道是以修行养德为宗旨的一种饮茶方式，它是饮茶修道和饮茶之道的统一。中国茶道内容源远流长，它包括茶艺、茶境、茶礼和茶道4个部分组成。

中国茶道起源于唐代中期，大约在8世纪中叶。唐代陆羽在他的《茶经》中就有详细的记载，唐代政府成立后，经济发展稳定，人们生活安居乐业，茶叶有了贸易往来。唐朝初期人们普遍采用煮茶

法，到了唐中期，人们开始采用煎茶法。煎茶法的出现代表着我国茶道的形成，为中国茶道奠定了基础。陆羽是中国煎茶道的奠基人，除他以外煎茶道的代表人物还有白居易、齐己等。煎茶道的形成属于唐代人智慧的结晶，为后来的点茶道奠定了基础。煎茶道鼎盛于唐朝晚期，历经五代、南北宋，在历史上大约存续500年。

点茶道形成于北宋中后期，它是继煎茶道而来的一种新式的茶艺，而且还引入了以茶养德的茶艺更高境界。点茶道的形成北宋人功不可没。点茶道的代表人物有苏轼、陆游、黄庭坚等人。

点茶道鼎盛于北宋中后期到明朝初期，消失于明朝末期，时间约有600年。

泡茶道形成于明朝后期。大约在16世纪末，代表人物有张源、顾恺之、张大复等。泡茶道又可分为撮泡、壶泡和工夫茶3种。

煎茶道到了20世纪又开始复兴。明清人不仅创造了泡茶茶艺，而且还为以后中国的茶叶分类奠定了基础。

中国茶道随着时间的变迁先后出现了煎茶道、点茶道、泡茶道，中国是茶之故乡，茶道也源于中国，素有"茶之祖国"的美誉。

※ 表现形式

纵观中国饮茶方式，可分为煮茶法、煎茶法、点茶法、泡茶法，其中在中国茶道上形成茶艺的有煎茶道、点茶道、泡茶道。

煎茶道

煎茶道可分为备器、选水、取火、候汤、习茶5个步骤。

备器：在《茶经》"四之器"中有详细记载。

选水：在《茶经》"五之煮"中提到大概意思就是选用山水、江水、井水。

取火：在《茶经》"五之煮"中提到选火采用炭火，有活煎茶之说，选炭火宜用有烟的，这样可以养茶。

候汤：在"五之煮"提到，大小如鱼眼，微有响声称之为一沸，如涌泉连珠为二沸，滕波如鼓浪为三沸。

习茶：包括藏茶、炙茶、碾茶、罗茶、煎茶、酌茶、品茶。

泡茶道

泡茶道与前面提到的煎茶道和点茶道同样都包括5个环节。

备器：茶炉、茶壶、茶杯等。

选水：明清人选水比唐宋人更有讲究。田艺衡的《煮泉小品》和徐献忠的《水品》，都是论水的专书。

取火：张源著的《茶录》对火候有详细记载："烹茶要旨，火候为上。"

候汤：在《茶录》中记载茶有三大变十五小变。

习茶：可分为壶泡茶、撮泡茶和工夫茶三类。

点茶道

点茶道包括备器、选水、取火、候汤、习茶等5个环节。

备器：包括茶壶、茶盏、茶筅等12种器具。

选水：宋代人选水观点与唐人大致相同，即山水、江水、井水。

取火：宋人取火与唐代相似。

候汤：蔡襄著的《茶录》中提到候汤最难把握。

习茶：藏茶、洗茶、炙茶、碾茶、磨茶、罗茶、熁盏、点茶、品茶等。

※ 茶与佛家

佛家以茶助禅，借茶之清香来平心静气。如果说道家是茶道文化的源头，儒家是茶道文化的核心，那么佛家则是茶道文化的传播和推广者。中国的茶道以其特有的方式体现着"禅古禅风"，佛教对茶的种植、饮茶方式、茶叶的传播等方面都起到一定的作用。

佛教强调，"禅茶一味"，意为以茶助禅，以茶礼佛。在

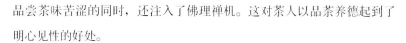

品尝茶味苦涩的同时，还注入了佛理禅机。这对茶人以品茶养德起到了明心见性的好处。

中国茶道几乎涉及禅佛的一切思想精华，中国茶道几乎与佛家密不可分。茶道在禅佛中的发展由原有的以茶助禅、茶破提神，后来演变为佛家一茶待客、以茶习礼的习俗，可见茶道对佛家的影响力。

综上所述，中国茶道汲取儒、道、佛三家的哲学思想和修行理念。将茶道文化与三教文化融会贯通，人们在饮茶养生的同时，能提高自我身心节操，达到修行养德的境界。

※ 茶与道家

道家学说为中国的茶道注入了"天人合一，人化自然"的思想理念，同时还提供了崇尚自然、崇尚美、崇尚朴素的思想精髓。

"人化自然"在茶道中体现为茶人渴望回归自然、融于自然的思想。茶人在饮茶时能够接近于大自然，与大自然亲切交流，在茶室的实践活动中体会大自然的规律。这种"天人合一，人化自然"的思想精髓正是道家思想的"天地与我共存生，万物与我唯一"的经典体验。

道家以茶求静，道家的清静恬淡、清静无为、自然而然的思想精髓，带给人一种缥缈不定、羽化成仙的境界。正是与人们渴望的轻身换骨、超脱现实的想法相吻合。各地道观都有着各自的茶道，自泡自用着各自的茶，对中国茶道原有的形态起到了一定的推波助澜作用。

※ 茶与儒家

中国茶道主要汲取儒家文化的"诚敬、静定"的修行思想。历代的茶人多为文人儒士，儒家文化成为中国茶道文化的主力军，因此说儒家是中国茶道的骨与肉，成为中国茶道的重要组成部分，两者关系密不可分。

儒家茶道与道家、佛家茶道思想有所区别，道家与佛家主要强调个人精神的自得和对现实的超越，而儒家则强调人性关怀与道德义务。儒家提倡以茶养廉、以茶为友、以茶励志的思想。

第二章 西湖龙井——西子湖畔若兰香

名茶介绍

※ 茶叶历史

北宋著名文学家苏轼的"欲把西湖比西子，淡妆浓抹总相宜"，可谓淋漓尽致地道出了西湖的绝美景致。而在西湖三面环抱的翠林高峰中，更是生长着闻名遐迩的龙井茶。潺潺溪水，重重青山，美丽的茶树孕育着沁人的馨香，几千年来，一直吸引着人们流连忘返的脚步。

追溯龙井茶的起源，似乎必须越过那1200多年的漫长岁月，去寻一段说不尽道不明的历史故事。相传在被赋予人间天堂美名的杭州，美丽的西湖岸边有一个龙井村，在村落的四周，分布着密林繁茂的群

山，而山中就产茶，"龙井茶"的名称便由此而来。据说龙井茶的种植最早始于唐代，如在唐代著名茶文化家陆羽的《茶经·八之出》就记载曰："钱塘（今杭州）天竺、灵隐二寺产茶"。

及至宋代，西湖群山生产的茶都已成为贡茶。如宋《图经》就记载有："杭州宝石山产的'宝云茶'，下天竺香林洞产的'香林茶'，上天竺白云峰产的'白云茶'，已列为贡品。"而杭州太守赵抃也在《重游龙井》一诗前序中也提到过："出游南山，宿龙井佛祠……老僧辨才登龙泓亭烹小龙茶以迓予，因作四句云。"由此来看，龙井茶的得名即在宋代。

元代时，游览龙井村品茶已经成为一大雅事，如虞伯生《游龙井》一诗中就赞曰："徘徊龙井上，云气起晴画……余香不闻嗅……三咽不

忍漱。"如诗所云，幽幽茶香令人回味，此时的龙井茶已经开始闻名。

发展到明代，龙井茶的声名已经广为传播，如明万历年的《杭州府志》记载有："老龙井，其地产茶，为两山绝品"。如果说在宋元时期，龙井茶还仅限于归隐高僧、诗人雅士和皇室品饮，那么到了明朝，龙井茶已经普及民间，成为平常百姓也喜爱有加的名茶。

其实，明代龙井茶只产于龙井山峰，因为产量不多，所以异常珍贵。据记载"溯最初得名之地，实唯狮子峰，距龙井三里之遥，所谓老龙井是也。"明《浙江通志》也记载有："杭郡诸茶，总不及龙井之产，而雨前细芽，取其一旗一枪，尤为珍品，所产不多，宜其矜贵也。"

"茶之名者，有浙之龙井，江南之芥片，闽之武夷云。"清代时，龙井茶已经位于中国名茶之列，并因得到了乾隆皇帝的御赞而名扬天下。相传乾隆皇帝六下江南，其中四次都亲临龙井茶区，品茗龙井。生长于胡公庙前的18棵茶树更被乾隆皇帝封为"御茶"，由此华夏大地再无不知龙井者。

今日的龙井茶已经成为名副其实的中国名茶之冠，其清高馥郁的若兰香气、清澈杏绿的汤色、芽芽直立的形态，以及充溢齿间的沁人香气，都不得不让人为之回味及沉醉。再加上帝王的宠爱、文人墨客的赞誉，流传千年的龙井注定带着它不平凡的清香，承载着中国茶文化的精深内蕴而久久飘香。

※ 产地及自然环境

西湖龙井产地主要分布在浙江杭州西湖的群山中，在杭州西湖龙井村周围的翠林高峰中也有少量的分布。西湖龙井属于中国第一大名茶，如春茶中的特级西湖龙井在中国名茶中名列前茅。

　　按照产地划分，正宗西湖龙井主要分布在狮峰、梅家坞、龙坞等三大产区。狮峰产区位于杭州西湖湖畔周围的群山中，这里有着得天独厚的自然环境，土地肥沃，温度适宜，雨量充沛，群山环抱，云雾弥漫，孕育着享誉世界的狮峰龙井茶。相传清朝皇帝乾隆六下江南四次来到西湖品茗佳茶，乾隆皇帝南下御封狮峰龙井茶。

　　梅家坞产区位于杭州西湖西部腹地，这里属于西湖的风景名胜区，是游客观光游览的必经之地。这里山水秀丽，景色迷人，茶香四溢，已有600多年的历史。梅家坞现已成为国家一级自然文化保护区，它不仅有着使人流连忘返的山水情，还具有浓郁的人世情，再加上这里扑鼻而来的淡淡茶香，是人们休闲和娱乐的圣地。梅家坞也是西湖龙茶的主要产地。

　　享有"万担茶香"的龙坞镇是西湖龙井茶的最大的生产基地。龙坞镇位于西湖周边的第一高峰上，这里地势厂阔，拥有茶园74公顷，西接

天目山，东临西溪湿地，环境宁静优雅，车马不及，无污染。因此，龙坞镇被列入中国茶叶博物馆馆藏西湖龙井茶的定点原料基地。

西湖龙井向来以狮峰、龙井、云栖、虎跑、梅家坞而出名，以龙井为最。龙井茶主要生产地在龙井村，因此取名为"西湖龙井"。龙井茶主要特征为外形挺直俊俏，色泽绿中泛黄，茶香清高持久。原料主要采用一芽一叶，因此泡好的茶成一旗一枪状，在水中栩栩如生，具有很高的观赏价值。

按照产茶的等级划分，西湖龙井又可分为一级产区和二级产区，一级产区主要包括狮峰、龙井、虎跑、云栖、梅家坞五大茶种；二级产区是指一级产区以外的位于西湖区的茶种。在五大核心茶种中，其中以狮峰龙井的品质卓越而享誉世界。

※ 采制过程

西湖龙井茶优异的品质与其精细的采摘过程是密不可分的，茶农对茶叶的采摘是非常讲究的，一般以采摘一芽一叶和一芽两叶为原料，经过摊放、炒青锅、回潮、分筛、辉锅、分拣整理、收灰储存等几道工序。

茶农每年春天分4次对龙井茶进行采摘，清明前三天采摘的为"明前茶"，这种茶叶名贵而稀有。据说一个熟练的采摘姑娘一整天才能采摘到600克茶叶嫩芽，500克干茶大约有3 600个茶芽，需要多少江南姑娘采摘可想而知，足见明前茶是多么的珍贵，它历来堪称珍品中的绝品。谷雨前采摘的茶叶为"雨前茶"，这种茶一般采摘量比较大，不如"明前茶"那么珍贵，它的原料主要是采摘一芽一叶的茶叶，其形状似旗似枪，故名为"旗枪"。立夏之前采摘一芽两叶的茶称为三春茶，其形状似雀舌古城之"雀舌"。在三春茶采摘一个月后采摘的茶称为四春茶，四春茶也称为"梗片"，主要是因为这个季节的茶已成片，人们采摘时多带有茶梗。

从上述龙井茶的精细采摘过程可以看到，这种精细的纯手工采摘过程，再加上人们后期的纯手工的炒制过程，凝聚着多少劳动人们的辛勤汗水。俗话说得好："慢工出细活"，龙井茶的茶香与之有着密不可分的关系。

※ 鉴别方法与选购

西湖龙井以"色绿、香郁、味醇、形美"的风韵而闻名于世。茶友们可以通过对这四绝的了解来进行鉴别。购买西湖龙井茶叶时，则可运用视觉、味觉等方式，根据茶叶所固有的色、香、味、形的特征来进行真假优劣的判断。下面就具体介绍一下关于西湖龙井的鉴别和选购方法。

鉴别方法

辨"色绿"：一般西湖龙井茶以挺秀尖削、扁平光滑、均匀整齐和色泽翠绿鲜活为佳。相反，外形松散粗糙、筋脉显露、身骨轻飘、色泽枯黄的则为质量低的次品。

闻"香郁"：西湖龙井茶香浓郁，而且清新持久，茶农们形象地称之为蚕豆瓣香，也就是兰花豆香。取少许特级狮峰龙井放入杯中，先不要加水，盖上盖闷几分钟，揭盖闻之，会闻到扑鼻的茶香，带有兰花豆特有的香气，而且还掺有几分蜂蜜的香甜味。续水时它的香味更为浓郁，两三次冲泡后香味依旧浓香，但是普通茶叶在两次冲泡后，其香味已清淡无味了。

品"味醇"：真龙井的口感香郁而醇厚，味蕾中有一种茶农所说的"滑溜溜"的独特质感。同时，那醇厚的感觉更加细腻，类似面粉之于芡粉。再咽下几口回味儿，有种清雅甜味弥润喉间。而假龙井的香味就明显清淡，也没有醇厚质感和香甜的回味。

观"形美"：除了看茶叶是否挺秀尖削、扁平光滑、整齐均匀外，还可以通过叶底来鉴别。叶底是冲泡后剩下的茶渣，好的西湖龙井叶底要求芽叶细嫩成朵、嫩绿明亮、整齐均匀，反之差的叶底就会暗淡、单薄、粗老。

选购

一摸：判断茶叶的干燥程度。任意找一片干茶，用拇指和食指用力一捻，如果是小碎粒，则干燥程度不足或茶叶已经吸潮。干燥度不足的茶叶较难储存，香气也不高。如果能捻成粉末状，则干燥程度足够，就可以购买了。

二看：新茶的色泽一般都是比较清新悦目的，而且多为嫩绿或墨绿色。如果干的西湖龙井茶叶的色泽发枯、发暗或发褐色，说明茶叶有不同程度的氧化。如果西湖龙井茶叶上有焦点、泡点或茶叶的边缘有焦边，说明不是好茶。春茶中的特级西湖龙井和浙江龙井的外形扁平光滑、苗锋尖削、芽长于叶、体表无茸毛。夏秋的龙井茶，茶身较大，体

表无茸毛，叶底黄亮，总体品质比同级的春茶差很多。机制的龙井茶，外形大多为棍棒状的扁形，欠完整，总体品质比手工炒制的要差。

三嗅：春茶中的特级西湖龙井或浙江龙井冲泡

后会有清香或嫩栗香，部分带有高火香或清香，但较粗糙。其余各级龙井茶随着级别的下降，香味由嫩爽转向浓粗。

四尝：春茶中的特级西湖龙井或浙江龙井冲泡后滋味清爽或浓郁。夏秋的龙井茶滋味略涩。

※ 炒法

西湖龙井茶的加工炒制过程，因为原料不同，所以加工技术也不尽相同。在对龙井茶炒制前要先将其晾晒，这样做不但可以减少茶叶的青叶味，还可以达到茶叶炒青时的含水量，便于炒青。

西湖龙井茶的炒制过程都是纯手工的，一般凡是观看过龙井茶整个炒制过程的人都会觉得龙井茶不仅是一种饮品，更是一种纯手工的艺术品。西湖龙井茶的炒制工序一般有：抖、带、挤、甩、挺、拓、扣、抓、压和磨10道工序。整个炒茶过程可分为以下3个阶段。

青锅：将茶叶放入锅中炒制成七八成干并成扁平的外形，大约需要15分钟。

回潮：将经过青锅后的茶叶摊放在竹筛上，使茶叶散去热量和水分，进行回潮，大约需要1小时。

辉锅：将经过回潮后的茶叶再放入锅中炒制，除去部分水分，使茶叶的水分含量小于5%，并再次对茶叶定型。

经过上述的青锅、回潮、辉锅等程序的炒青后，就形成了成品的西湖龙井茶。一般的成品茶经过这3道工序后便于以后的储存。

※ 级别品种

最早西湖龙井分为特级和一到十级共11个级，其中特级又分为特一、特二、特三。其中每个级别又分5个等，每个级设置级别标准样。后来改为设有特级和一到八级，共分为43个等。到1995年简化为特级和一到四级，其中特级分为特一、特二。当年在浙江又划分为特级和一到五级共6个级别。

特级：原料采用一芽一叶初展，扁平光滑。

一级：原料采用一芽一叶开展或一芽两叶初展，扁平。

二级：原料采用一芽两叶开展，比较扁平。

三级：原料采用一芽两叶或两叶对夹叶，尚扁平不光泽。

四级：原料采用一芽两叶对夹叶，欠光泽，比较宽。

五级：原料采用一芽三叶和对夹叶，尚扁平较粗糙。

※ 茶饮功效

西湖龙井茶含有一种叫茶多酚的物质，具有很强的抗氧化性和生理活性，有助于人体抵抗衰老。西湖龙井中的茶素，对引起人体致病的部分细菌有抑制效果，并且茶中的有益成分茶多酚，有助于保护消化道，防止消化道肿瘤的发生。专家们在动物实验中发现，西湖龙井茶中的儿茶素类物质能抗UV-B所引发的皮肤癌，

想要美白和预防感冒的朋友就要多喝西湖龙井茶了。此外，西湖龙井茶还有瘦身、防癌、益思健脑的作用。

※ 储存

西湖龙井茶储存方法一般有木炭储存法、生石灰储存方法、塑料袋锡箔储存法、金属罐储存法和低温储存法。家庭常会选择金属罐储存和低温储存法，低温储存可以选择冰箱冷藏或冷冻，一般储存期超过半年的，储存温度应保持在0～5℃，储存期超过一年的应选用-5～-18℃的冷冻保存。

冲泡方法

※ 用水

"龙井茶，虎跑水"堪称杭州的"双绝"。选用虎跑水泡西湖龙井茶效果最佳，不仅可以达到茶水交融的效果，还有利于龙井茶的色香味形的充分体现。

※ 选器具

玻璃杯、水壶、茶匙、茶盘等。

※ 冲泡方式

冲泡龙井茶常采用的一种方法是回旋斟酌法。

※ 泡茶步骤

温杯： 采用80℃的热水直接浇灌玻璃杯，一是用来清洁杯子，二是用来温杯。

投茶：茶叶与水的比例按1：50，也就是大约100毫升的杯子选用2克的茶叶。用茶匙将茶从茶仓中取出，一般家用水杯投放2～3克茶叶。

冲泡：采用80℃的热水，用水壶慢慢向杯中注入大约1/4的热水，目的是浸泡茶芽，使干茶叶吸水舒展，为下步的高冲打下基础。待茶叶散发出清香后，提壶高冲茶杯，并借助手腕力量来回3次上下提拉水壶，使茶叶在水中上下翻腾，这种手法称为"凤凰三点头"。

品茶：品茶时可以先看色，再赏姿、闻香，最后尝味。上乘的龙井茶，汤色明亮，有光泽，色泽以浅绿、黄绿、嫩绿为主。冲泡浸润后的茶叶舒展开来，展现出固有的形状和姿态。香味或清香，或花果香，或浓香。一般认为，西湖龙井茶茶汤滋味鲜醇爽口的为品质上乘的重要标志。

※ 注意事项

冲泡龙井茶的水温不宜太高，一般在80℃左右，如果水温过高，则容易破坏茶芽，达不到"一旗一枪"的幽美茶形，并且茶的香味也会受到影响。

茶疗秘方

※ 平胆利胆玉米须茶

配方：玉米须30～50克，龙井茶5克。

做法：将玉米须洗净，加300毫升沸水，焖泡5分钟，再加入龙井茶即可饮用。

用法：每日饮用1～2次，时间不限。

功效：中医认为，玉米须能利水消肿，平肝利胆，还能抗过敏。与龙井茶搭配饮用，常饮有减肥作用，对防治动脉粥样硬化、高血压症大有裨益。尤其适合高血压、高血糖的患者饮用，可以有效降低血脂、血压、血糖。

※ 润肺止咳款冬花茶

配方：款冬花3克，龙井茶6克。

做法：将款冬花与龙井茶一起放入杯中，加入沸水冲泡。

用法：每日饮用1～2次，时间不限。

功效：款冬花属于一种名贵中草药，具有润肺下气、止咳化痰等功效。款冬花与龙井茶两者结合，可以清热消炎，润肺止咳，此法可用于支气管炎，饮用数日，能达到立竿见影的功效。

※ 清血强发桑叶何首乌茶

配方：桑叶5克，首乌15克，龙井茶3克。

做法：将桑叶、何首乌、龙井茶放入砂锅中，加水300毫升左右，一同煎煮。

用法：每日饮用1～2次，时间不限。

功效：桑叶有利水消肿，清血减肥的作用；何首乌有强健发质，黑发防脱发的作用。两者与龙井茶搭配饮用，可以起到养颜美容、防治糖尿病、减肥、降压、防脱发等功效。这种茶适宜糖尿病、高血压的患者和年轻爱美的人士皆可饮用。

※ 消脂降压山楂茶

配方： 干山楂片10克，龙井茶叶3克。

做法： 先将山楂片放入水中，加入半杯水冲洗一下，将水倒出，再将茶叶加入带有山楂的杯中，加沸水冲泡，大约5分钟后方可饮用。

用法： 每日饮用1～2次，时间不限。

功效： 消食健胃，扩张冠状及肾脏血管，还有降脂降压的功效，适于高血压、高血脂的患者饮用。但要注意一点，它是不能代替药物来使用的。

※ 健胃抗癌乌梅茶

配方： 乌梅10克，西湖龙井茶5克。

做法： 先将乌梅洗净放入锅中，加入适量清水煮沸，再将煮好的乌梅汁倒入杯中，与龙井茶一起冲泡，焖泡约5分钟即可饮用。

用法： 每日饮用1～2次，时间不限。

功效： 乌梅含有大量的柠檬酸，这种柠檬酸可以帮助人体吸收大量的维生素和酵素，能净化人体血液，加快新陈代谢，同时还有抗衰老、抗氧化等作用。乌梅汁与龙井茶搭配饮用，具有消食健胃、解毒抗癌等功效。

※ 消疲醒脑薄荷茶

配方： 薄荷叶12克，龙井茶8克。

做法： 先将薄荷叶和龙井茶放入壶中，再加入沸水冲泡，约5分钟后即可饮用。

用法： 每日饮用1～2次，时间不限。可选饭后饮用，因为薄荷能清洁口气。

功效：薄荷叶有清热、止痒等作用，它与龙井茶结合可以去除身心邪毒、消疲解乏、提神醒脑等功效。

※ 排毒明目菊花茶

配方：菊花5克，龙井茶3克。

做法：先将菊花和龙井茶一同放入杯中，加沸水冲泡，加盖焖泡约5～10分钟即可饮用。

用法：每日饮用1～2次，时间宜选择清晨。

功效：菊花有美容养颜、排毒利便等作用，菊花与龙井茶两者结合，可以起到排毒养颜、疏风清热、解毒明目等功效。多用于伤风感冒，小儿出痱亦可酌量饮用。但要注意小儿平时不宜饮茶。

※ 清热解毒蒲公英茶

配方：蒲公英20克，龙井茶3克。

做法：将蒲公英和龙井茶放入杯中，用沸水冲泡即可。

用法：每日饮用1～2次，时间不限。

功效：蒲公英有清热解毒，多用于热毒症者，尤其对治疗肝热目赤肿痛的作用。蒲公英和龙井茶结合，对心火过旺、失眠头痛者效果极佳，还可以治疗风热感冒、咽喉肿痛，有健脑明目等功效。

※ 化痰助眠白僵蚕茶

配方：白僵蚕5克，龙井茶3克。

做法： 先将白僵蚕碾碎备用，再将白僵蚕粉末与龙井茶拌匀一同放入杯中，加入沸水冲泡，加盖密封，大约焖泡10分钟后即可饮用。

用法： 每日饮用1～2次，时间不限。

功效： 白僵蚕具有很高的药物价值，是一种名贵的中药。白僵蚕辛咸、性平，具有祛风解痉、化痰散结等功能。它与龙井茶一同冲泡，可以治疗咽喉肿痛、中风失音、癫痫病等疾病，常饮此茶还可以抗惊吓，帮助睡眠。

※ 补肾健脑枸杞茶

配方： 枸杞子15克，山楂10克，龙井茶3克。

做法： 将枸杞子、山楂、龙井茶一同放入300～400毫升的冷水中煎煮至沸腾，焖泡约2分钟，饮用即可。

用法： 每日饮用2～3次，时间不限。

功效： 枸杞子的作用是明目，提高免疫力，具有降低血脂、血压、血糖等作用。枸杞龙井茶可以补肾益气，健脑益智，大多用于记忆力减退、头昏脑涨的老人或从事脑力劳动者。

西湖龙井的文化底蕴

※ 龙井茶的传说

相传在很久以前，有一个村子叫作龙泓，村里有口圆形的泉池，一年四季都有水，大旱不涸，村里人以为此泉与海相同，泉中有龙。这种传说一传十，十传百，越传越神奇，后来人们干脆将此村改名为"龙井村"。

此村土地肥沃，杂树丛生，长有许许多多的野生茶树，村里有好奇者，就将茶叶试吃，吃后发现味道还挺好，于是就将其拿回家，用锅煮着喝，茶香四溢。满屋弥漫着茶香味，众人皆饮，纷纷称赞此茶，故取名为"龙井茶"。

一天，一位老叟来到龙井村，他在村里东瞧瞧，西望望，最后眼睛盯在墙角的破石臼上，目不转睛地看了半天。这时，从屋里走出来一个老太太，面无表情地看着他，老叟突然开口道："我用五两银子换取你的石臼怎样？"老太太听到后心里一阵窃喜，心想还有这种好事，再加上这几天卖茶也没挣到钱，便满口答应了。老叟听后十分高兴，临走前特意嘱咐老太太不要动那个石臼，待会他会派人来取。

老太太心想这么轻易就可以得到五两银子，别提有多高兴了，高兴得手舞足蹈，拿起扫把和铲子将石臼上的尘土、腐枝烂叶等扫掉，整整堆了一大堆，然后都埋在旁边茶树下。

过了一会，老叟果然带着一帮身强体壮的人来到老太太的石臼旁，老叟一看刚才破旧的石臼不见了，忙问老太太石臼哪里去了，老太太笑嘻嘻地答道："那个破旧的石臼被我打得干干净净，这个就是你要的石臼。"老叟听后沮丧地说道："我那五两银子就是买的那些杂物啊！"说完甩手而去。老太太看着到手的白花花银子溜走了，顿时心情苦闷起来。

过了没儿天，一场大雨过后的一个早晨，老太太突然发现那棵让她堆满腐枝烂叶的茶树，茶芽如雨后春笋般一起涌出，茶叶细嫩，茶香四溢，一时间便传遍了整个西子湖畔，许多同乡前来采摘茶籽。就这样，龙井茶便在西湖湖畔慢慢栽培起来，而且种植面积一年比一年大。"西湖龙井"由此开始声名远扬。

※ 龙井茶著名文化景观

梅家坞

梅家坞茶文化村，是西湖龙井中梅家坞的主要产茶基地，这里有着悠久的文化历史，在这里可以观赏到乾隆遗迹、周恩来纪念馆、茶艺表演区、小牙坞、农居群、古桥、古井、垂钓区、十里银铛、茶园观赏区等10座优美景观区。这里是山水情、人世情相结合的茶文化景区，是休闲、娱乐、饮茶、观光于一体的茶文化圣地。

来到"梅坞"，亲近自然，尽情享受茶文化休闲、娱乐、旅游、茶艺表演的无穷乐趣。同时这里也是产茶的重要基地。走进梅家坞，感受弥漫茶香的空气，是一种美的享受。

龙井村

龙井村的文化景观很丰富，早在清代，乾隆皇帝六下江南，先后四次巡幸龙井，寻山问水，饮茶作歌，曾作《龙井八咏》。村内文化景观有老龙井、御茶园、胡公庙、九溪十八涧等景观，为茶村增添了浓郁的文化氛围。在这里你可以感受到茶农们那欢快的歌声，回荡在雨雾袅袅的山间。这里茶农的居住特点是溯溪而上、择水而居。

走进龙井村，可以看到明显的山地景观风貌，这里再现了西湖龙井茶香特有的自然文化风貌。

※ 龙井茶的传承

西湖龙井有着悠久的发展历史，在这悠久的发展历史中蕴含着龙井

　　茶深厚的文化底蕴。古往今来，中国伟人们对西湖龙井都赞赏有加，产于龙井狮峰一带的西湖狮峰龙井更是聚集了旺盛的人气，并赢得了卓越的声誉。

　　西湖龙井是受保护的国饮。为了保护龙井茶，发扬光大龙井茶，国家对相应的原产地实施了保护措施，并且加大了对这一国粹在世界上的宣传，如1990年10月，在浙江杭州召开了中国国际茶文化研讨会；1991年，在杭州建立起中国茶叶博物馆；1996年，杭州被誉为"中国龙井茶之乡"。

第三章 洞庭碧螺春——太湖佳茗似佳人

名茶介绍

※ 茶叶历史

"太湖佳茗似佳人"说的就是洞庭碧螺春。关于碧螺春始于何时和名称由来的说法颇多。

相传，明朝期间，出生于洞庭东山后山陆巷的大学士王鏊，为当地盛产的一种茶叶题名为"碧螺春"。又据明朝的《随见录》记载："洞庭山有茶，微似芥而细，味甚甘香，俗称'吓煞人'，产碧螺丝峰者尤佳，名'碧螺春'。"可见碧螺春茶始于明朝。

清代也有关于碧螺春的资料记载，王应奎《柳南随笔》记载：于清圣祖康熙皇帝三十八年春，第三次南下太湖期间，巡抚宋荦从当地精致茶中选购"吓煞人香"进贡康熙皇帝，皇帝见此名太不文雅，遂取名为"碧螺春"。后人评说碧螺春为皇帝御赐雅名的中国名茶，从此碧螺春便开始崭露头角，成为清朝皇室的饮用贡品。

也有人认为碧螺春是因其形状而得名，原因是碧螺春外形卷曲成螺状，色泽碧绿，采摘于早春时期。据《苏州府志》载："洞庭东山碧螺

峰石壁，产野茶几株，每岁土人持筐采归，未见其异。康熙某年，按候采者，如故，而叶较多，因置怀中，茶得体温，异香突发。采茶者争呼：吓煞人香！茶遂以此得名。"

※ 产地及自然环境

洞庭碧螺春茶产于江苏省苏州市吴中区太湖的洞庭东、西山，洞庭碧螺春以芽多、汤清、嫩香、味醇而闻名于世。其优异的品质与其生长的自然环境有着密不可分的关系。

洞庭山分为洞庭东、西两山。年平均气温为15.5～16.5℃，年降水量为1 200～1 500毫米。洞庭西山是一个矗立在湖中的岛屿，长年气候温和，雨量充沛，冬暖夏凉，空气清新。洞庭东山则犹如一艘大型航母屹立在太湖水面之上，长年空气湿润，水气弥漫，云雾缭绕，土壤呈微酸性或酸性，质地疏松。

山中茶树和各种果木交错种植。这里通常种植的果木有橘树、石榴树、桃树、杏树、李树、梅树、柿子树、白果树。茶树一行行，果木一道道，两者夹杂在一起。茶树枝丫相连，茶香四溢；果木叶繁枝茂，果香飘飘。茶吸果香，果吸茶味，两者互相映衬，各取所长。

因此，洞庭山得天独厚的地理环境，造就了洞庭碧螺春茶的这种天然混成的果味茶香，与其他品种茶相比，堪称一绝。成就了碧螺春茶与众不同、别具风格的特殊性。

※ 采制过程

碧螺春的采摘原料主要是幼嫩茶叶的一芽一叶，采摘时间为从春分开始至谷雨结束，以春分到清明前采摘的茶叶最为珍贵。碧螺春的采摘一般有以下3个特点。

摘得早：一般是清晨开始采摘，通常采摘一芽一叶的初展。茶芽一般长度为1.6~2.0厘米的茶芽，时间在上午5~9点开始采摘。

采得嫩：碧螺春一般采摘的是刚刚初展的一叶一芽的茶芽。每炒制500克的成品碧螺春需要用6.8万~7.4万颗茶树芽。

捡得净：将采摘的茶芽进行分拣，剔除不符合标准的鱼叶、老叶和过长的径梗，使剩下的茶叶均匀一致，以便后面的加工。一般选择中午前后拣剔质量不好的茶片，通常分拣1千克的茶芽需要2~4个小时。碧螺春的分拣时间为上午9点到下午3点，下午3点以后开始炒制，做到当天采摘的茶芽当天炒制完成。同时，碧螺春的分拣过程也是茶叶鲜叶的摊放过程，这样可以使茶叶的内含物质得到轻度的氧化，有利于后面碧螺春的炒制奠定基础。

※ 鉴别方法与选购

鉴别方法

洞庭碧螺春的鉴别方法大致可以从以下4个方面进行。

观其貌：碧螺春卷曲成螺，条形均匀，白毫披露，条索紧密重实。冲泡时，立即下沉，不浮在水面，有"铜丝条"的称呼。因为碧螺春白毫披身，所以又以"满身毛"而著称。叶芽幼嫩，银绿隐翠。洞庭碧螺春银芽显露，原料是一芽一叶，一芽色为白毫，一叶为卷曲青绿色，芽叶长度参差不齐，色泽为黄色，并且绒毛多呈绿色。

望其色：碧螺春有"一嫩三鲜"之称，一嫩是指芽叶幼嫩，芽大叶小，三鲜是指色鲜艳、味鲜醇、香鲜浓。色鲜艳是指碧螺春茶不但外形色泽银绿隐翠、柔和鲜艳、光彩怡人，而且茶汤碧绿清澈、色泽柔亮、鲜艳耀人，叶底嫩绿亮丽。没有染色的碧螺春的色泽一般比较柔和鲜艳，而添加色素的碧螺春一般颜色看上去发绿、发青、发黑、发暗。从茶汤色泽看，正品碧螺春冲泡后茶汤呈现微黄色，而添加色素的碧螺春茶汤呈现黄黑，色泽如同陈茶的颜色。正常的碧螺春茶叶上有白色的小绒毛，假如是着色的碧螺春，它的绒毛也是被染成绿色的。

闻其香：碧螺春的高鲜茶香中透着浓郁的花香，碧螺春的茶香与西湖龙井的茶香都体现为鲜爽香高。正品碧螺春有其天然混合而成的果香，而伪造的茶中添加的果味不是太浓，就是太淡，或是夹杂其他果味。

品其味：碧螺春鲜爽的茶香中有种甜蜜的果香，味道醇厚，香郁回甘，鲜爽生津。而一些伪造的茶叶从茶叶的色泽很难辨别，就可从品尝茶汤来进行区分，一般正品碧螺春味道较醇厚，有花果香味，而伪造的碧螺春可能夹杂好几种果味，带有人工合成的味道，与纯天然的果香味一品尝便可辨真伪。

此外，对比碧螺春与西湖龙井茶，将碧螺春轻轻投入水中，茶叶开始沉底，约2分钟后几乎全部舞到杯底了，只有几根茶叶在水上飘着，在水中慢慢绽开，色泽浅碧新嫩，香高清雅。而龙井下投5分钟后才开始慢慢沉入杯底，叶片慢慢被浸润，色泽黄绿，能长时间保持香气。

选购

一闻：正品碧螺春有一股特有的花果香，如果打开包装没有那种特有的花香果香味，则为伪造的碧螺春。

二摸：判断茶叶的干燥程度。任意找一片干茶，放在拇指和食指指尖，感觉条干好，不触手为宜。

三看：一般正品碧螺春茶叶颜色嫩黄，浑身是毫。倘若是假的，茶叶颜色发黑、发暗，茸毛都是附在表面的。

四泡：先将水倒入杯中，再将茶叶投入水中，这种方法称为上投法。将碧螺春轻轻投入水中，茶叶开始沉底，有"春染海底"之誉。茶叶上带着细细的水珠，约2分钟后几乎全部舞到杯底了，只有几根茶叶在水上飘着，在水中慢慢绽开，色泽浅碧新嫩，香高清雅。

五品：品尝碧螺春会感到鲜润爽口，香味浓郁，回味甘甜，带有浓浓的花香和果香味。而假的碧螺春初次品尝会感到淡而无味，而后会感到苦涩刺喉，没有花果味。

※ 炒法

碧螺春茶的炒制过程与西湖龙井茶的炒法有所不同，它的炒制工艺有杀青、炒揉、搓团、培干等工序，这些工序都在一个锅中完成，碧螺春的炒制特点大概可以概括为：茶不离锅，手不离茶，炒揉结合，炒中有揉，揉中带炒，连续操作，一气呵成。

杀青：先将锅内温度加热约为200℃，再将茶叶放入锅中，用双手翻炒3～5分钟，使茶叶充分受热，达到抖散、捞净、杀匀、杀透、无红叶、无红梗和无烟焦叶。

揉捻：先将锅温控制在70℃以上，采用边炒、边揉、边抖三法交替进行，茶叶中的水分逐渐减少，茶条逐渐形成。炒制茶叶时，手握茶叶的松紧度要把握好。太紧，茶叶容易溢出，粘在锅边产生烟焦味，茸毛脱落；而太松的话，茶叶的茶条不宜成条。

搓团：当炒制到15分钟左右，茶叶达到六七成干，炒锅温度控制在50～60℃时，开始将茶叶搓团。

显毫：在边炒边揉的情况下，用双手使劲将茶叶揉搓为数个小团，然后再将茶叶抖散，反复数次，直至茶叶卷曲成螺状，茸毛显露为止。

烘干：当茶叶达到八成干，茶叶的茶条达到固定形状时，采用轻炒轻揉，目的就是将茶叶中的部分水分蒸发掉。而当茶叶达到九成干时，起锅将茶叶摊放在桑皮纸上，然后再将茶叶连纸一起放在锅上烘干，直至茶叶中的水分全部释放为止。

※ 级别品种

碧螺春属绿茶，相比西湖龙井茶来说，碧螺春是我国的第二大名茶。国家标准对洞庭碧螺春茶按照其本身的基本特征和产品质量分为5个等级。分别为特一级、特二级、一级、二级、三级。其中以特一级、特二级最为名贵。

特一级：原料条索纤细、银绿隐翠、色泽鲜润、卷曲成螺、满身披毫。

特二级：原料条索纤细、卷曲成螺、茸毛披覆、银绿隐翠、清香文雅。

一级：原料条索纤细、卷曲成螺、白毫披覆匀整、嫩爽清香。

二级：茶叶质量好、性价比最高，适合自己品尝和招待朋友。

三级：质量好、价格优势明显，适合日常的家居和办公室饮用。

※ 茶饮功效

洞庭碧螺春中的茶多酚、咖啡因可刺激人体的中枢神经，使人精神焕发，神经系统处于活跃状态，达到提神益智的效果。茶中的咖啡因、肌醇、叶酸、泛酸和芳香类物质等多种化合物，能调节身体脂肪代谢，加快人体新陈代谢，尤其对蛋白质和脂肪有很好的分解作用。同时茶叶中所含的维生素，还可以调节人体心脑血管平衡，降低人体中的胆固醇，扩张血管，防治高血压、高血脂等疾病的发生。此外，碧螺春茶还具有减肥、抗菌、抗癌、强心、解痉的功效。

※ 储存

碧螺春储存条件十分讲究。储存法分为传统和家用储存法。传统储存法又分为生石灰储存法和木炭储存法。这两种方法的原理相似，分别是以生石灰和木炭作为干燥剂，来吸取密封罐中的潮气。家用储存一般为塑料保鲜袋包装储存法，将茶叶放进塑料袋中，分层紧扎，隔绝空气，再将密封好的茶叶放进冰箱内储存。

冲泡方法

※ 用水

俗话说好水好器才能泡好茶，冲泡碧螺春一般选用矿泉水或纯净水。只有用好水才能充分展现出碧螺春的"形美、色艳、香浓、味醇"四绝特色。

※ 选器具

玻璃杯数只，木茶盘1个，茶荷1个，茶道具1套，茶池1个。

※ 冲泡方式

冲泡洞庭碧螺春一般选用上投法，也有少数人选用中投法来冲泡碧螺春。关于碧螺春的冲泡方法还有一个有趣的故事。

早在1954年，周恩来总理到瑞士参加日内瓦会议，我们的礼仪小姐在招待外宾时，先给在座的每位外宾倒了一杯白开水，当时的外宾心生疑惑，有文明礼仪之邦美誉的中国怎么就用白开水来招待外宾。不一会儿的工夫，只见礼仪小姐将一小匙洞庭碧螺春茶叶投入水杯中，顿时杯中"白云翻滚，雪花飞舞，茶香四溢，清香袭人，春染海底，秀色可餐"。让在座的每位外宾震惊了，纷纷称赞中国人泡茶技术的高深。"一般外国人泡茶，总是先放茶，再倒水；你们中国人与众不同，先倒水再放茶。真是好茶，上好的礼茶，难得的礼茶！"于是，中国的礼仪小姐就说出了碧螺春茶最佳的冲泡方法。

※ 冲泡步骤

冲杯：用开水冲泡水杯，一则可以温杯，二则可以洁杯。

备水：将开水倒入茶壶中，敞开盖，便于水蒸气的蒸发，使水温降至80℃，以便冲泡茶。

赏茶：鉴赏碧螺春的干茶，可以欣赏到碧螺春的形美、色艳、味醇、香浓。

冲泡：将开水注入透明的玻璃杯中，以杯子的七分为宜。剩下三分留情，以便观赏。

投茶：用茶导将碧螺春投入玻璃杯中，进行浸泡。

品茶：茶叶入水，开始下沉。汤色碧绿，茶叶的一芽一叶在水中荡漾，如绿云翻滚，茶香四溢，清香袭人。

※ 注意事项

洞庭碧螺春属于绿茶。一般绿茶采摘的原料主要是茶叶幼嫩茶芽，因此冲泡碧螺春一般选用70～80℃的水温，水温过高，容易破坏茶叶中的营养成分；水温过低，可能使茶叶、茶芽得不到舒展，也会影响茶叶的香味，达不到香高浓郁的效果。

茶疗秘方

※ 清肝明目山楂茶

配方： 山楂片5克，决明子3克，碧螺春茶3克。

做法： 先将山楂片洗净，再将山楂片、决明子加开水冲泡，约2分钟后，再将碧螺春茶放入杯中，3分钟后方可饮用。

用法： 每日饮用1～2次，时间不限。

功效： 决明子是常用中药，具有清肝明目、降血压、通便、治疗角膜炎和结膜炎的病症有特效。山楂有健胃消食、减肥等功效。两者与碧螺春茶结合，可以治疗高血压、高血脂、冠心病、脂肪肝、胆囊炎等疾病。

※ 养脾安神桂圆茶

配方： 桂圆肉6克，碧螺春茶3克。

做法： 将桂圆清洗干净，放入锅中，加冷水煎煮至沸腾，然后放入碧螺春茶，冲泡大约3分钟后，即可饮用。

用法： 每天一剂，可分数次饮用。

功效： 桂圆又称龙眼，桂圆含有多种营养物质，有增强记忆力、健脑益智、补养心脾、安神、恢复体力、治失眠健忘、治惊悸等功效。桂圆与碧螺春茶两者结合，可以养心健脑安神，增强记忆力，振奋精神，对头昏脑涨、失眠乏力有特效。

※ 补血养颜木瓜茶

配方： 木瓜10克，碧螺春3克。

做法： 先将木瓜煎煮，然后将煎煮液倒入杯中，再将碧螺春投入水中，进行冲泡。

用法： 每日2～3次，时间不限。

功效： 木瓜性温味酸，入肝、脾二经，木瓜具有消食健胃、美白养颜、驱虫、祛风、清热，而且对胃痛、肺热干咳、乳汁胀痛有效果。与碧螺春结合，有丰胸养颜、提神益智、清热祛风等功效。

※ 解散止痛茉莉花茶

配方： 茉莉花3克，碧螺春3克。

做法： 将茉莉花和碧螺春一同放入沸水的杯中，浸泡5分钟后即可饮用。

用法： 每日饮用1～2次，时间不限。

功效： 茉莉花含有丰富的挥发油性物质，具有行气止痛、解郁散结的作用，尤其对胸腹胀痛很有效。与碧螺春茶结合，有行气解郁、抗菌消炎、提神益脑等功效。

※ 消脂美白玫瑰茶

配方： 玫瑰花3克，碧螺春茶6克。

做法： 将玫瑰花和碧螺春茶加入开水冲泡3分钟后便可饮用。

用法： 每日1～2次，时间不限。

功效：玫瑰花有活血化瘀、养颜补水、助消化、降脂、调和脏腑的作用。与碧螺春茶结合，具有美白祛斑、利尿排毒、清火润喉、健脾消食、醒脑明目、消食解乏、解困瘦身等功效。

※ 滋阴护肝枸杞茶

配方：枸杞10克，五味子5克，碧螺春茶3克。

做法：将枸杞、五味子、碧螺春一同加入杯中，用开水冲泡，或者用所有药材的煎煮液冲泡茶叶来饮用。

用法：每日2～3次，时间不限。

功效：枸杞子有滋阴养血、提高免疫力等功效。五味子有保肝及再生肝脏组织、保护及增强心脏机能、养阴固精的功效，男女皆宜。枸杞、五味子、碧螺春三者结合，具有养肝护肝、增强心脏功能、补血养阴等功效，是男女皆宜饮用的佳品。

洞庭碧螺春的文化底蕴

※ 碧螺春的传说

　　相传很久以前，在江苏省苏州太湖洞庭西山上有一个小山村，住着一个勤劳朴实、善良朴实的美丽姑娘，她的名字叫碧螺。碧螺天生美丽动人，聪慧理智，她有一副圆润清亮的嗓音，她的歌声婉转动听，如行云流水般优美清脆，传遍整个洞庭山间，村里的人们都喜欢听碧螺唱歌，喜欢她那天生丽质的嗓音。

　　而与洞庭西山隔水相望的洞庭东山上也有一个小山村，村里住着一个年轻有为的渔民，他的名字就阿祥，阿祥从小聪明勇敢，乐于助人。长大后的阿祥更是卓越出众，为人正直，聪慧勇敢，乐于帮助村民，富有强烈的正义感，村里人都敬佩他的为人处事。阿祥勤劳朴实，长年以打鱼为生。而洞庭西山碧螺姑娘那悠扬婉转的歌声，常常飘入正在太湖上打鱼的阿祥耳中，碧螺的优美歌声打动了阿祥，于是阿祥便默默地对碧螺姑娘产生了倾慕之情，而两人一水相隔，却无由相见。

　　就这样两人隔山相望了很多年。就在某年春天的一个清晨，从太湖里突然跃出一条巨龙，这条龙又丑又恶，吓煞村人。它蟠居湖山，强迫村民给它建一所庙来纪念它，并且还要每年从村中选出一名少女做它的太湖夫人。村民不应其强暴所求，恶龙便扬言说要用太湖水荡平整个西山，而且还要拿碧螺姑娘作为人质。东山上的阿祥闻讯而来，怒火中烧，义愤填膺，为捍卫洞庭西山的安宁，也为保护乡邻和碧螺的安全，阿祥手持利器，深夜潜入湖中与恶龙交锋。阿祥与恶龙连战7个昼夜，最终两败俱伤，倒卧在洞庭之滨。乡邻们赶到湖畔，将恶龙铲除。此时的阿祥早已身负重伤，倒在血泊里。碧螺见到阿祥，泪流满面，为了报答阿祥的救命之恩。主动要求将阿祥抬回自己家中来照顾阿祥，阿祥因伤势太重，已处于昏迷垂危之中。

一天，碧螺为阿祥寻觅草药，来到当时阿祥与恶龙交战的地方，在流血处突然发现生长出一株苗壮的茶芽。于是碧螺便将这棵茶苗栽植到洞庭山，以此来纪念降龙英雄——阿祥的功绩。可没有想到的是，随着茶树一天天渐渐成长，阿祥的身体却日渐衰弱，汤药不进。碧螺难过不已，情急之下突然想起那株以阿祥的鲜血育成的茶树，于是碧螺便跑去用口衔茶芽，将茶芽带回，泡茶给阿祥饮用。阿祥饮茶后，立刻精神焕发。看到阿祥的身体日渐好转，碧螺心中一阵阵窃喜。从此，碧螺每日清晨都会上山采茶，将那饱含晶莹露珠的茶芽用口衔回，然后揉搓焙干，泡成香茶，以供阿祥饮用。

碧螺日益操劳，身体每况越下，渐渐失去了元气，终于憔悴而死。阿祥得救，却失去了美丽善良的碧螺，阿祥悲痛欲绝。为告慰碧螺的芳魂，与众乡邻将碧螺葬于洞庭山上的茶树之下。为纪念美丽的碧螺姑娘，人们便把这株奇异的茶树称之为碧螺茶。阿祥每日来到碧螺茶树下，精心呵护茶树。只见碧螺茶树条索纤秀弯曲似螺，色泽嫩绿隐翠，茶香四溢。

历史沧桑，而阿祥的斑斑碧血和碧螺的一片丹心孕育而生的碧螺春茶，却成为独具幽香妙韵、永惠人间的珍品。

※ 碧螺春文化景观

苏州吴中太湖文化景区

位于江苏苏州西南部，这里紧挨太湖，有东山景区、旺山景区和穹隆山景区组成。景区风光秀美，资源丰富。

吴中景区先后被评为"国家生态区"和"国家生态示范区"。而吴中区就位于"国家生态区"的核心区。濒临太湖，系"太湖最美的地方"。这里山不高而清秀，群峰隐现；湖不深而阔，各景点分布在山水间。林木花果最茂盛，山丘峰坞最密集，空气清新、水质清冽。在这优质的生态环境中孕育着"太湖三白"（白鱼、白虾、银鱼）和各类花果，如银杏、枇杷、桂花、碧螺春茶等特产。在这里看可以欣赏到，秋可持蟹赏菊，冬能踏雪探梅，春可赏花品茗，夏能采荷啖莼。除此之外，这里的太湖蟹也是一绝，喜欢吃螃蟹的人万不可轻易错过。

缥缈峰景区

位于江苏省苏州太湖洞庭西山岛西南部，总面积约为5平方公里，它主要有缥缈峰、水月坞、涵村坞组成。

缥缈峰在太湖七十二峰中占据首位，海拔336米，这里长年被云雾笼罩，因传说中的缥缈仙境而得名。缥缈峰山高林密，植被茂盛，玉树丛生。山溪蜿蜒贯穿整个景区，常年山泉川流不息，有着良好的森林生态景观。这里植被覆盖面积达85%以上，它是太湖西山国家森林公园的核心景区。景区建成有环山旅游公路和登山步行道，可从两个山坞乘车或步行直达缥缈峰山顶。缥缈峰山顶有个瞭望塔，站在瞭望塔上可将三万六千顷湖光山色尽收眼底。这里是环太湖最佳的登高旅游胜地，也是人们观光旅游、休闲娱乐的最好的去处。除此之外，这里的"水月观音"也是一个很好的观光去处。

※ 碧螺春的传承

碧螺春产地遍及江南各地，主要以太湖洞庭山东西两山的茶叶质量久负盛名。我国对原产地实施了保护措施。2002年年底，国家质检局将吴中东山和西山批准为"国家碧螺春原产地保护区域"。近年来，吴中区着力加大了碧螺春茶产业的保护措施。

吴中区对洞庭碧螺春茶文化开展了旅游文化节，目的在于传承茶文化产业，弘扬碧螺春茶文化。自2002年以来，吴中区先后举办了"碧螺春第一锅竞赛"、"碧螺春品牌赛"和"炒茶能手擂台赛"等比赛。同时还借助碧螺春的品牌优势，不断发展茶文化旅游休闲观光和乡村村家旅游。

第四章 黄山毛峰——仙山好茶独韵味

名茶介绍

※ 茶叶历史

据《徽州府志》记载："黄山产茶始于宋之嘉祐，兴于明之隆庆。"说明早在宋代，黄山就已经产茶，当时的茶有"早春、英华"之称。

到了明代，人们采摘的茶有"黄山云雾茶"之称。据《黄山志》称："莲花庵旁就石隙养茶，多清香冷韵，袭人断腭，谓之黄山云雾茶"，传说这就是黄山毛峰的前身。

发展到清朝，可根据《安徽茶经》中记述："在光绪年间，距今已有七八十年。当时黄山一带原产外销绿茶，而该地谢裕大茶庄则附带收购一小部分毛峰，远销东关，因为品质优异，很得消费者欢迎。"又据《安徽名特产》书中记载："清光绪年间，歙县汤口谢裕泰茶庄试帛少量黄山特级毛峰茶(注：当时黄山毛峰并未分级)，远销东北，深受销区顾客喜爱，遂蜚声全国。"

黄山毛峰是在清朝末期开始出名的。清代江澄云《素壶便录》记

述："黄山有云雾茶，产高山绝顶，烟云荡漾，雾露滋培，其柯有历百年者，气息恬雅，芳香扑鼻，绝无俗味，当为茶品中第一。"又据《徽州商会资料》记载，黄山毛峰起源于清光绪年间(1875年前后)。当时有位歙县茶商谢正安(字静和)开办了"谢裕泰"茶行，从中寻找茶叶市场商机，清明前后，他便亲自率人到黄山桃花峰、汤口等高山名园采摘芽叶肥厚的幼嫩茶叶茶芽，再经过手工精细炒焙，炒制出色香味俱全的茶。由于该茶白毫披身、银芽显露、芽尖似峰，因此取名为毛峰，后冠以地名为黄山毛峰。

※ 产地及自然环境

黄山毛峰也叫黄山云雾，主要产自安徽黄山、歙县地区，以及松谷庵、吊桥庵、云谷寺、桃花峰等地。其中以安徽黄山所产的黄山毛峰品质最为优异。

黄山是我国东部最高的山峰，光千米以上的山峰就有3000多座。清

澈不满的山泉，波涛起伏的云海，苍劲多姿的劲松，巍峨奇特的山峰，堪称黄山四绝。有道是"名茶出名山"，黄山除了具备一般茶区湿润的气候、肥沃的土壤、流通的空气等自然条件外，还兼有溪多、泉清、湿度大、土壤松软、植被茂盛、常年多云雾等特点，为黄山毛峰茶树的生长提供了有利的自然生长环境，因而黄山毛峰叶肥汁多，茶香浓郁，经久耐泡。加上黄山遍生兰花，采茶之际，正是兰花烂漫的时节，在花香的熏染下，黄山毛峰茶叶也格外清香，风味独特。

生产特级黄山毛峰的茶园主要分布在黄山的桃花峰、松谷庵、慈光阁、吊桥庵、紫云峰等地。这些地方平均海拔在700米左右，山高林密，日照短，云雾多，自然条件十分优越。特级以下的黄山毛峰主要分布在汤口、杨村、岗村、茅村。这四处的茶叶产量较多，历史上称它们为黄山"四大名家"。

黄山名茶众多，除毛峰外，还有休宁的"屯绿"，太平的"猴魁"等，也各具特色。

※ 采制过程

黄山毛峰采摘的原料主要是幼嫩的茶芽和茶叶。毛峰的采摘比较精细，按照不同的等级，毛峰茶采摘的原料也各不相同。

特级黄山毛峰开采于清明节前后。而一至三级黄山毛峰采摘于谷雨前后。鲜叶采摘后进行分拣，去除冻伤的残叶和有病虫危害的残叶，剔除叶、梗、茶果等不符合标准的茶叶，目的是保证茶叶质量均匀、干净。茶叶的分拣过程也是将茶的鲜叶分开摊放的过程。这样做有利于茶叶水分的蒸发，确保茶叶新鲜、不变质。黄山毛峰的采制过程的标准为上午采、下午制、下午采、晚上制，做到当天采、当天制、不隔夜。

黄山毛峰的采摘一般选择嫩芽肥厚的芽叶，一芽一叶似雀舌，茶农形象地称之为"麻雀嘴稍开"。毛峰优质的品质与它的精细采摘过程是密不可分的，再加上后期的纯手工的炒制，才创造出风味俱佳的黄山毛峰茶。

※ 鉴别方法与选购

黄山毛峰茶状似雀舌，条形微卷，银毫显露，绿中泛黄，金黄鱼叶。入杯冲泡雾气结顶，叶底黄绿有活力，汤色清澈明亮，滋味醇厚甘甜，香气涂兰花清香，韵味深远悠长。其新制茶叶茶条紧锁，白毫披身，牙尖锋芒。黄山毛峰茶条细扁，色如杏黄，香似白兰，持久清香。黄山毛峰以芽峰显露、毫多为上品；芽峰藏匿、芽毫少者质差。如何鉴别黄山毛峰呢?可以用下面4种方法进行鉴别。

鉴别方法

看叶底：评判茶叶经冲泡后留下的茶渣，看老嫩、整碎、软硬、色泽、匀杂等情况来辨别茶叶的优劣。同时，还可以看到有无掺杂其他茶叶。

闻香气：茶叶经水冲泡后，立即荡出茶汤，将茶杯端起送入鼻端进行嗅闻，香如白兰就算是上等的好茶了，如果茶香清淡无白兰，则为劣质的茶。

尝茶味：黄山毛峰茶属于炒青绿茶。一般认为，绿茶茶汤香浓爽口属于上等绿茶，如果平淡无味、有涩味者，多为粗老黄山毛峰茶。

观茶形：茶条细扁，色如杏黄，茶芽肥壮，白毫披身，牙尖锋芒为上等黄山毛峰茶。芽峰藏匿，白毫少者为老茶。

选购

看其色： 黄山毛峰色如象牙，翠绿之中略泛微黄。

观其形： 形似雀舌，银毫显露，条形扁平，稍微卷曲，绿中泛黄且带有金黄色鱼片。

品其味： 黄山毛峰味道醇厚，鲜爽润口，回味甘甜，带有白兰花的清香味。

尝其汤： 汤色明亮，带有杏黄色，汤鲜味浓。

嗅其香： 香高味浓．持久，香气清鲜高长。香中带有淡淡的花果的甜香味。

查其叶： 叶底肥厚，芽头壮实，黄绿有活力，均亮嫩黄。

※ 炒法

黄山毛峰的炒制分为杀青、揉捻、烘焙3道程序。

杀青： 选锅和控制锅温是关键，炒制毛峰锅温一般控制在150～130℃，炒锅温度要先高后低。选锅大小直径约为50厘米的，不同等级的茶，炒制时向锅中投放的茶叶量是不同的，特级毛峰每锅能炒200～250克，而一级以下每锅可以炒制500～700克。炒锅温度要有一个度，鲜叶下锅后，有炒芝麻声响就表示炒锅温度适宜。整个杀青过程要求翻炒要快，手势要轻，单手翻炒，撒得要开，扬得要高，捞得要净。茶叶的杀青程度要适当地偏老些，使芽叶表面失去光泽，质地柔软，清气消失，茶香显露即可。

揉捻： 在杀青达到适当程度后，茶叶失去青色，茶香显露时，开始将茶叶揉捻，将茶叶在锅中用手抓带几下，目的是将茶条理顺和轻揉。二、三级原料杀青起锅后，及时将茶叶热气蒸发，散去热气，然后再将茶叶轻轻揉捻2～3分钟，使毛峰茶条显形，稍卷曲成条。揉捻时要求力度要轻，速度要慢，一边揉一边抖，这样做的目的就是要确保茶芽显露，芽叶完整，银毫披身，色泽绿润。

烘焙： 分初烘和足烘。初烘的特点是，火温先高后低，在每只杀青锅周围放丝质烘笼，第一只烘笼烧明炭火，烘笼顶部温度设为90℃以上。剩余3只烘笼的温度分别设置约为80℃、70℃、60℃。边烘边翻，顺序移动每个烘顶，整个初烘过程要求摊叶要匀、火候要稳、操作要轻、翻叶要勤。当初烘快要结束时，茶叶的水分要控制在15%左右。等到初烘结束后，要将茶叶放入簸箕中摊凉，大约需要30分钟，以便使茶叶中的水蒸气蒸发，也便于茶叶中的水分重新分布均匀。足烘就是将初烘的茶叶有8～10烘时合并为一烘，进行足烘。足烘要求文火慢烘，烘顶温度在60℃左右。足烘一般将茶叶的水分全部烘掉，达到足干。然后拣剔去杂后，再复火一次，使茶香透发，最后趁茶叶温热装入铁桶，密封储存。

※ **级别品种**

黄山毛峰分特级和一、二、三级4个级别。其中以特级、一级为名优茶类。

特级：以一芽一叶初展为原料。

一级：以一芽一叶开展和一芽二叶初展为原料。

二级：以一芽二叶开展和一芽三叶初展为原料。

三级：以开展的一芽一叶、二叶、三叶作为原料。

在黄山毛峰各个级别中，以特级黄山毛峰质量最优。特级黄山毛峰优异的品质与它的生长环境息息相关。其生长的自然环境不但有一般茶区所应有的自然环境，如土壤肥沃、气候适宜、雨量充沛等自然环境以外，还兼有高山深谷、岩壁陡峭、溪水长流、泉清湿度大等优越的自然环境。这里最大的特点就是茶树终日处于烟雾笼罩之中，因而造就了特级毛峰的叶肥汁多、经久耐泡的别具一格风味。

※ 茶饮功效

黄山毛峰茶叶中的咖啡因能刺激人体中枢神经系统，使人脑清醒，不但能解除疲劳，振奋精神，提神解乏，而且还能加快人体新陈代谢，促进血液循环，增强心肾功能。茶叶中含有丰富的糖类、果胶和氨基酸等成分，可以帮助人体排泄大量的热气，来保持体温稳定。黄山毛峰中的叶酸还能促进人体细胞的生长，达到美白养颜的效果。此外，黄山毛峰中含有较多的氟，与牙齿上的钙质能很好地结合在一起，相当于给牙齿镶上了一层保护膜，起到固齿、防龋齿的作用。

※ 储存

对黄山毛峰可以选择低温储存法、塑料袋或铝箔袋储存法和金属罐装储存法。这3种储存方法，无论选择哪种，都要求茶叶储存的环境要干燥、阴凉、空气流通、无光照。

冲泡方法

※ 用水

现代人冲泡黄山毛峰茶多选用清冽的山泉水、矿泉水或纯净水。

※ 选器具

玻璃杯（盖杯或白瓷杯皆可）水壶、茶匙、茶盘等。

※ 冲泡方式

冲泡黄山毛峰茶选用中投法效果最佳。即在杯中加入1/4的水，投入茶叶，以浸泡茶叶为宜。静止1分钟左右，拿起茶杯摇晃，使茶汤浓度均匀，这一过程也称之为"润泡"。接下来蓄水就采用高冲泡的方法。一般可以蓄水2～3次。

※ 冲泡步骤

温杯：用75～85℃的热水温冲淋茶杯及杯盖，沿杯身转2圈倒掉，使茶杯均匀受热。清洁茶叶的同时可以提高茶杯的温度。

投茶：在杯中加入1/4的水，采用中投法，用茶匙投入3～5克茶叶，1分钟后，轻摇杯身，使茶汤均匀挂杯壁，加速茶与水的充分融合。

冲泡：采用高冲法，借助手腕的力量将茶壶高高举起冲泡杯中的茶叶，使茶叶在水杯中上下翻滚，以便杯中茶汤浓度上下均匀。

品茶: 等到茶叶与水充分浸泡后,就可以观茶形、品茶香,黄山毛峰茶素有"香高、味醇、汤清、色润"四绝的称号。色泽嫩绿油润,汤色清澈明亮,如杏黄色,味醇厚回甘,香气清鲜,叶底芽叶成朵,厚实鲜艳。

※ 注意事项

黄山毛峰茶用水温度,可根据茶叶质量而定。对于高级黄山毛峰茶,通常以80℃左右的水温为宜。一般条件下冲泡的茶叶越嫩绿,选择的水温就越低。高级黄山毛峰选用的原料是幼嫩的茶芽和茶叶,如果水温过高,易烫熟茶叶,致使茶汤变黄,滋味较苦;而水温过低,则易使毛峰茶香不能很好溢出,达不到茶叶的色、香、味俱全的效果。而对于中低档的黄山毛峰茶来说,宜用100℃的沸水冲泡。如水温低,则茶内溶水物质渗透性差,茶汤味淡薄。

茶疗秘方

※ 绿萼梅茶

配方：绿萼梅3克，黄山毛峰茶3克。

做法：将绿萼梅和黄山毛峰茶分别投入杯中，用80℃的开水冲泡，5分钟后便可饮用。

用法：每日饮用1～2次，时间不限。

功效：绿萼梅又称为白梅花或绿梅花，属于梅花中的一种，它性平，能够理气、调理脾胃、疏理气血。与黄山毛峰茶搭配可以起到疏肝解郁、调节气血、醒脾、理气和中的功效，对治疗肝胃气滞之胁肋胀痛、嗳气纳呆、脘腹胀痛等效果较佳。

※ 胖大海甘味润喉茶

配方：胖大海1个，黄山毛峰茶3克。

做法：胖大海洗净，放入茶杯中，加入蜂蜜适量，用开水冲泡加盖，3分钟后开盖搅匀即可。

用法：每日饮用1～2次，时间不限。

功效：胖大海味甘、性寒，有小毒，具有清热润肺、利咽解毒、润肠通便的功效。与黄山毛峰茶搭配饮用，可以起到醒脑提神、清肺热、利咽喉等功效，适用于风热感冒、肺热声哑、热结便秘、咽喉肿痛和用嗓过度等引发的声音嘶哑等毛病。

※ 甘草毛峰茶

配方：甘草3～5克，黄山毛峰茶3克。

做法：将甘草和毛峰茶一同放入杯中，开水冲服。

用法：每日饮用1次，时间不限。

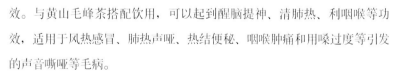

功效：甘草属于一种中草药，性平，味酸涩而甘苦，它的作用是清热解毒、缓解止痛、祛痰止咳、补脾益气。与黄山毛峰茶搭配饮用，对治疗风热感冒、咽喉肿痛等有特效，而阴虚血燥、肝阳偏亢、表虚汗多者忌用。此茶不宜多喝，尤其对体弱者。

※ 野生灵芝黑枣茶

配方：野生灵芝一小块，黑枣5颗，黄山毛峰茶3克。

做法：先将黑枣去核，野生灵芝切片，再将其放入温水中清洗材料，最后将黑枣、灵芝和黄山毛峰茶一同放入茶杯中，用开水冲泡，加盖焖泡5~10分钟，即可饮用。

用法：每日饮用1~2次，时间不限。

功效：灵芝俗称灵芝草，古代称为瑞草或仙草。具有双向调节作用，所治病种涉及消化、心脑血管、内分泌等多个系统，尤其对衰老、肝脏病变、失眠等作用十分显著。与黄山毛峰茶搭配饮用，具有保肝护肝、降血糖、降血压、益心气、安精魂、坚筋骨、提神益智等功效。

※ 金莲花降脂茶

配方：金莲花3克，黄山毛峰3克。

做法：将金莲花与黄山毛峰投入杯中，开水冲服饮用即可。

用法：每日饮用1~2次，时间不限。

功效：具有消炎止渴、清喉利咽、清热解毒、排毒养颜的功效，对慢性咽喉炎、扁桃体炎有预防和治疗作用，对老年人便秘也有一定疗效。

※ 清脂玄米茶

配方：玄米1勺，黄山毛峰3克。

做法：将炒好的玄米用勺子取出1勺放入杯中，再加入黄山毛峰茶与之搅拌均匀，加入开水冲泡，加盖3分钟后便可饮用。

用法：每日饮用2~3次，时间不限。

功效：玄米茶是一种在烘青茶里加入胚芽米粒而烘焙的茶。玄米具有解除人体深度脂肪的功效，同时对减轻内脏肥胖也有明显功效。与黄山毛峰茶搭配具有消脂健身、促进人体新陈代谢、减肥塑身、坚固牙齿等功效。玄米茶是脂肪肝、肥胖症患者饮用的佳品，同时也是爱美女士理想的选择。

※ 杭白菊金银花茶

配方： 金银花3克，杭白菊4克，黄山毛峰3克。

做法： 将金银花、杭白菊和黄山毛峰分别投入杯中，搅拌均匀，以开水冲泡加盖，5分钟后便可开盖饮用。

用法： 每日饮用1～2次，时间不限。

功效： 金银花味甘、性寒，具有清热解毒、疏风解热等作用。杭白菊是甘菊中的佳品，在李时珍《本草纲目》中写道："菊能利五脉，调四肢，治头风热补。"杭白菊具有抑制毛细血管通透性，增强毛细血管抵抗力的作用，同时它对治疗扁桃体炎和牙周炎有特效。杭白菊、金银花和黄山毛峰三者搭配饮用，可以起到清热解毒、温病发热、消炎止痛、消暑解闷等功效。

黄山毛峰的文化底蕴

※ 毛峰茶的传说

相传在明朝天启年间，江南黟县来了个新上任的知县，名叫熊开元，此人喜欢游山。一日他带书童来到黄山春游，山上丛林茂盛，茶树丛生，由于贪看迷人景色，竟不小心迷了路。在万分着急的情况下，偶遇一位腰挎竹篓的老和尚，在其带领下，他们走出了深山。可是当时天色已晚，知县熊开元只好带着书童借宿在寺院中，寺院的长老以茶来款待他们。只见长老将形似雀舌、银毫显露的物品放入碗中。用开水冲泡下去，知县细看，只见热气蒸腾环绕在碗边转了一圈，当热气转到碗中心时，突然热气如云雾般直线腾起，大约有一尺多高，在空中逗留了一圈，好似白莲腾空而去，最终化为一缕缕香气飘荡开来，充盈整个屋内，顿时满屋茶香四溢，清香迷人。

知县熊开元向长老询问后方知此物为黄山毛峰茶。临别时，长老以此茶赠予知县熊开元，并嘱咐他一定要用黄山泉水冲泡此茶，方能看到云雾升腾的景观。熊知县回县衙后正遇同窗旧友太平知县来访，便将带回来的黄山毛峰茶和黄山泉水献上，兴高采烈地将冲泡黄山毛峰表演了一番。太平知县甚是惊喜，随后来到京城禀奏皇上，本想以此邀功进献，可是万万没想到直到表演结束，也没见白莲花的奇观。皇上很是气愤，太平知县只得据实说道乃黟县知县熊开元所献。随后，皇帝便即传令熊开元进宫受审。

熊开元进宫后方知，太和县令未用黄山泉水泡之。熊开元向皇上讲明缘故后，便来到黄山脚下的寺院请求长老赠送黄山泉水。随后来到皇宫再次为皇帝表演，果然出现了白莲花奇观。皇上大喜，当即对熊知县说道："朕念你献茶有功，升你为巡抚，三日后就上任去吧。"知县熊开元感慨万千，暗忖道："黄山名茶尚且品质清高，何况为人呢？"他便脱下官服来到黄山脚下的云谷寺出家做了和尚，法名正志。而如今在云谷寺有一处大师墓塔遗址，相传就是正志和尚的遗址墓塔。

※ 毛峰茶文化景观

黄山温泉景区

温泉景区被称为桃花仙境，他的左侧紧挨着桃花峰，这里每年春天时候漫山遍野都是桃花，一望无际，好像一幅动人的水彩画。这里的名胜古迹是温泉景区的主要特色，山清水秀，奇石怪泉，景色秀丽，山峭壁陡。整个景区位于桃花峰和紫云峰之间。整个景区主要以伟、奇、险、幻为特色。

黄山玉屏温泉景区

玉屏景区又被称为文殊院，属于黄山的中心景点。玉屏景区主要以玉屏楼为中心，向外蔓延开来，景区位于莲花峰和天都峰两大主峰之间。这里云海烟云、摩崖古刻、雄山怪石、奇松险壑构成景区景观的主体。除此以外，还可以观赏到松鼠跳天都、迎客松、送客松、姜太公钓鱼和孔雀戏莲花等景观。

黄山北海景区

北海景区，坐落于光明顶与始信峰、狮子峰、白鹅峰之间。景区山高林密，飞瀑流泉，千峰滴翠，寺庵幽古，气候宜人，溪、池、潭是景区的独特景致。集峰、石、坞、台、松、云于一身，奇形怪状，布局巧成，妙笔天然。这个景区的主要特色是奇、险、伟、幻。游客在休息期间，不妨品茗黄山毛峰茶，观赏"梦笔生花""猴子观海""十八罗汉朝南海""八戒吃西瓜"等奇观。同时景区的"十八罗汉朝南海"也是北海景区最具特色的景点之一。

黄山云谷景区

云谷景区，分布于钵盂峰与罗汉峰之间，地势较低。景区内有开阔的峡谷地带，谷幽壑深，水流雾绕，峰林高耸，松风竹海，可谓峰石林泉皆入画。在云谷景区可观九龙瀑、翡翠谷、灵锡泉等名胜古迹。景区以松美泉灵、峰奇石巧、壮丽晚霞、壑深谷幽见胜，游人形象地称之"神秘的黄山西部世界"。

※ 毛峰茶的传承

1955年，黄山毛峰被评为中国十大名茶之一。在1982年年底，黄山毛峰茶经国务院批准，将安徽徽州的太平县改为县级黄山市，并将于歙县的黄山公社划归黄山市，取名为汤口镇。从1984年起，将富溪乡中的新田和田里两村的村民组织生产特级黄山毛峰茶。其中以新田村民生产的特级黄山毛峰茶质量最优，并将歙县生产的特级黄山毛峰茶作为礼茶，在"五一"劳动节前送往北京。1986年，黄山毛峰被外交部选为外事活动采购的礼品茶。

第五章 庐山云雾——云蒸雾绕育醇香

名茶介绍

※ 茶叶历史

庐山云雾茶历来被列为饮用佳品，一向以香爽持久、色条秀美、味道鲜醇、汤液清澈而闻名于世。庐山云雾以"味醇、液清、色秀、香馨"四绝而久负盛名，畅销国内外。细细品尝庐山云雾茶，气味类似龙井醇香，却比龙井茶更加醇厚。其色如沱茶般清淡，却比沱茶更加清香。

据史料记载，庐山种植茶叶始于汉代，至今已有1000多年的历史。据《庐山志》记载，在东汉时期，佛教开始传入我国，当时许多佛教教徒参禅于庐山脚下，只在全山梵宫僧院多达300多座。众多僧侣云集在庐山，他们登峰攀崖，种植茶树。东晋时期，庐山倍受青睐，成为佛教高僧的参禅中心。在当时高僧慧远云集众多僧徒居住在庐山之上长达30多年。他们种茶、采茶已成为参禅之前的必修课。据《庐山志》记载：庐山云雾茶"初由鸟雀衔种而来，传播于岩隙石罅……"在当时庐山云雾茶又称钻林茶。钻林茶被视为云雾茶中的上品，主要是因为钻林茶散生于荆棘横生的灌丛中，很难寻觅，不仅衣撕手破，而且量极少。过去，庐山云雾茶的栽培多依赖庐山寺庙的僧人，是他们用清苦的汗水培育着庐山云雾茶，浇灌着一茬又一茬的茶芽。

唐宋时期，庐山云雾茶得到进一步推广，备受文人墨客的青睐。古代圣人大多以山高有灵气来到巍峨壮观的避暑山庄庐山而居住。家喻户晓的唐代大师白居易曾经居住于庐山香炉峰。他亲辟园圃，植花种茶。并作诗云："药圃茶园为产业，野麋林鹤是交游"。宋代诗人周必大有"淡薄村村酒，甘香院院茶"之句。北宋时，一度列为贡品。

后来，明太祖朱元璋曾屯兵在庐山天池峰附近，因此朱元璋登基后，庐山的名望更为显赫。庐山云雾茶的大量生产正是从明代开始的，很快闻名全国。明代万历年间的李日华曾作诗《紫桃轩杂缀》，即云：

"匡庐绝顶，产茶在云雾蒸蔚中，极有胜韵。"

新中国成立后，朱德同志对庐山云雾茶也倍加称赞，并作诗一首："庐山云雾茶，味浓性泼辣，若得长时饮，延年益寿法"。可见从古至今，皇帝、国家领导人、文人等对庐山云雾茶的喜爱。

※ 产地及自然环境

"高山云雾出好茶"是长期从事茶叶生产的茶农们总结出来的经验。庐山云雾、黄山毛峰、霍山黄芽等都是生长在海拔500～1 000米高山上的茶。其品质优异，味道醇厚，深受广大消费者的好评。高山云雾之所以出好茶，主要是受高山特定的生态环境所致。

庐山云雾茶产于江西省九江市庐山上，这里云雾缭绕，山泉潺潺。一年中平均有180天处在云雾之中，这种云雾景观不但给庐山蒙上一层神秘的面纱，更为庐山云雾茶的成长创造了有利的自然环境。庐山茶树的生长终日处在云雾之中，因此此茶取名为"庐山云雾"。

庐山云雾茶的生长环境属于温和湿润的高山气候。四周被群山环抱，山峦层叠，森林繁盛，溪水潺潺。常年云雾缥缈，雨量充足。一年四季温度变化小，土壤肥沃，呈酸性，昼夜温差大。白天平均温度较高，能为茶树的生长制造较多的有机物，而夜晚平均温度较低，使得茶

树的有氧呼吸减弱，从而降低了茶叶有机物的消耗。与此同时，茶叶内的糖类物质不易缩合，纤维素不易形成。这样有效地提高了茶叶里的有机物、茶多酚、咖啡因、芳香油等有效物质的形成。茶叶内物质的形成和有机物数量的积累，深受高山气候和土壤等自然环境的影响而明显变化，从而造就了庐山云雾优越的品质。

※ 采制过程

庐山云雾茶茶园产区主要集中在两大产茶区，一个在庐山顶的五老峰茶园，另一个在庐山半山腰的马尾茶园区。这两大产茶园采茶时间深受庐山周围气候的影响。庐山东临鄱阳湖，北临长江，峡谷幽深，平地而起，云海茫茫。云雾之多，一年中有半年以上的时间茶树处在朦胧的云雾之中。这里所产的茶叶比一般地区所产的茶叶要晚一些。主要是因为高山升温缓慢，后期生长推迟，茶树萌芽要在谷雨后开始。在庐山的4月下旬和5月初，正值茶叶萌发期，也是高山云雾的密集期，茶芽终日处在云雾的笼罩中成长，因此有庐山云雾茶之名。"雾芽吸尽香龙脂"，云雾的滋润，促使芽叶中芳香油的积聚，同时使茶叶和茶芽保持鲜嫩，这样才能冲泡出色香味俱佳的好茶。

由于气候原因，因此庐山云雾的采摘要比一般的茶的采摘时间要晚，一般在谷雨后到立夏这段时间开始采摘。采摘的原料以一芽一叶初展为标准。采摘的茶叶比较严格，必须均匀地采摘大约3厘米的茶叶。一般做到"三不采"，紫芽不采，雨水叶不采，病虫叶不采。将采摘的鲜叶放置阴凉处，加上空气流通，薄摊4～5个小时，当鲜叶中的水分达到70%左右时开始炒制。

※ 鉴别方法与选购

对庐山云雾茶的鉴别可以从观茶形、看茶汤、闻茶味和品茶香这4个方面进行。而选购时也要通过芽叶、色泽和茶味等几方面来进行选择。

鉴别方法

观茶形：庐山云雾茶条紧锁，微卷成条，条索粗壮，青翠多毫，状似雀舌，白毫披身。芽峰显露、毫多芽壮肥大者为上等庐山云雾茶。毫少、芽叶不均匀的为老茶叶。

看茶汤：特级庐山云雾茶茶汤清澈明亮，叶底嫩绿均齐。

闻茶味：庐山云雾茶的味道特别醇厚，耐人寻味。茶味似龙井却比龙井茶更为醇厚，似沱茶却比沱茶更加清香。其滋味有白兰、板栗的清香。

品茶香：庐山云雾茶香味醇厚，茶香袭人，香幽如兰，回味甘甜。而在不同地区的茶有不同的茶香。最极品的要数带有白兰清香的茶叶。

选购

庐山云雾茶产自庐山之上。受庐山凉爽多雾等高山气候的影响，再加上日照直射时间短等条件的影响，庐山云雾茶形成叶肥汁多、芽叶肥壮、色翠多毫、鲜香醇厚、经久耐泡等特点。假茶或高仿的庐山云雾没有这些特征，尤其是冲泡两次后就无色无味的一定是仿品。若仔细观察茶汤，庐山云雾茶的茶汤清澈明亮、色泽如沱茶，却比沱茶清淡些，宛如碧玉盛入碗中，青翠如玉。细细品味又如龙井的清香，却比龙井茶味更为醇厚浓郁。

※ 炒法

庐山云雾茶优异的品质不仅是因为它有着适宜的自然生长条件，而且还有着不断完善的加工工艺。庐山云雾茶在炒制前先将采摘的鲜叶进行摊放4～5个小时，再进行茶叶的炒制。它的炒制工艺大致分为杀青、抖散、揉捻、初干、搓条、显毫和再干等7种工艺。

杀青：先将过锅温控制在150～160℃，再将茶叶投放锅中，每锅投放的茶叶数量为350～400克。采用的手法是双手抛炒，抖焖结合，先抖后焖。要求每锅茶叶量较少，锅温不高。茶叶炒至青味散发、茶香透露为止。当茶叶色泽有鲜绿变为暗绿，即为适度，用时6～7分钟。

抖散：将刚起锅杀青后的茶叶放入簸箕中，目的一是为了降低茶叶的温度，防治茶叶叶色变黄，二是为了及时散发茶叶中的水分。要求双手迅速抖散或用双手将簸箕扬起十多次，这样做不仅可以使茶叶香味鲜爽，叶色翠绿，而且可以提高茶叶的干净度。

揉捻：揉捻的作用可以使茶条成形，显毫显芽，一般用双手推拉滚捻或回转滚捻，要求双手用力不要过大，以免伤坏茶芽或银毫。当簸箕中的茶叶基本成形，大概80%成形后即为适度。

初干：将揉捻的茶叶再次放入锅中，使茶叶中的含水量降至30%～35%时，锅温达到80℃左右，用手以抖炒为主，对茶叶进行初干。

搓条：搓条的目的就是将茶叶的茶条进一步地紧锁成条，散发茶叶内的部分水分。要求将初干的茶叶放置于手中，双手心相对，四肢微微曲直，将茶叶上下理条。双手用力要适当，来回反复搓条，直到茶条初步紧锁成形，白毫显露为止，此时的茶叶含水量达到20%左右，用时10～15分钟。

显毫：通过显毫这一步骤使茶条更加紧接成条，目的使白毫显露。要求将茶叶握在手中，双手压搓并将茶叶搓团，利用掌力使茶索断碎。搓条时锅温控制在40℃左右，用时10分钟。

再干：先将锅温上调为75～80℃，将茶叶在锅中来回收推，不断翻滚散开。直至茶叶中所含水分达到5%～6%为止，可以用手捻茶叶，成粉末时即可将茶叶出锅。此步骤要求手势要轻，以免将茶条折断。干茶出锅后要进行摊放，可以蒸发茶叶中的水蒸气，最后经过筛选砸末即可成品。

综上所述，庐山云雾茶经过上述几种工艺的炒制，制成成品茶。其特点为条索紧细、色泽青翠，茶芽肥壮，柔嫩多毫，叶底嫩绿匀齐，滋味醇厚而回甘。

※ 级别品种

庐山云雾茶因采摘时间的不同划分为明前茶、清明茶、雨前茶、谷雨茶、夏茶、秋茶。从质量等级来分，有特级、一级、二级、三级。

一年之计在于春，一日之计在于晨，庐山的春茶是越早越贵。春茶相对来说叶片较小，500克干茶要5万个芽头。因此，特级、一级的茶叶都产自春季。

春末夏初的茶叶片较大，当春茶经过春季的生长，茶叶的香气和品质都是最好的。

正夏到来后，因为气温的升高茶叶的生长也加快，所以茶的本身的品质自然不如春茶了。

※ 茶饮功效

风味独特的庐山云雾茶，含有较为丰富的茶多酚、咖啡因和多种矿物质，长期饮用具有提神抗疲劳、增强思维和记忆力、补充人体能量、增强体质、促进新陈代谢的功效，并有维持血管、心脏、肠胃等正常机能的作用。庐山云雾茶还含有丰富的单宁、芳香油类和多种维生素等成分，茶汤不仅味道浓郁清香，怡神解泻，且可帮助人体消化，杀菌解毒，更具有防止肠胃感染、增加抗坏血病等功效。此外，庐山云雾茶还可用来清洗面部，可改善面部控油、收缩面部毛孔、抵抗皮肤衰老、防紫外线等功效，长期饮用还能延年益寿。

※ 储存

干燥储存法是延长庐山云雾茶有效期和茶叶保鲜的最为常用的一种方法。生石灰储存和木炭储存这两种传统的干燥储存方法也比较适宜庐山云雾茶的保鲜。

冲泡方法

※ 用水

庐山云雾茶最好选用庐山山泉水来冲泡，其中以庐山康王谷谷王洞泉水最佳。当年茶圣品评庐山康王谷帘洞泉为天下第一泉，用此泉水泡茶，才能将庐山云雾的醇香、泉水的清冽展现得淋漓尽致。

※ 选器具

泡茶用具包括基本工夫茶具1套、紫砂壶1把、电水壶1把，透明玻璃杯4个。

※ 冲泡方式

庐山云雾茶外形"条索精壮"，冲泡时采用"上投法"较佳。上投法顾名思义就是先放水、后置茶，一般用于冲泡高档的庐山云雾、碧螺春等类的多毫且极易下沉的名优茶。

一般来说，庐山云雾茶叶厚汁多，冲泡出的茶汤浓度较浓，宜选用腹大的茶壶冲泡，可避免茶汤过浓。尤以紫砂壶为宜。冲泡时庐山云雾茶水浓度控制在1∶50左右。

※ 泡茶步骤

庐山云雾茶冲泡一般分为以下几个步骤：温壶、温茶杯—置水—投放茶叶—将洗茶水倒掉—充分冲泡—饮茶—品茶。需要注意的是洗茶时动作一定要快，只要把茶叶的香味唤醒即可马上将水倒出。

温杯、温壶：将茶杯和紫砂壶用约90℃的开水冲淋，使茶杯、茶壶受热均匀。

置水：先在紫砂壶中注入适量的开水，一般以85℃的水温为宜（将烧开的沸水略微冷却）。注水量为3～4杯水量为宜。

投茶：将9～12克的庐山云雾茶，用茶匙放入紫砂壶中。

洗茶：洗茶讲究一个快字，将85℃左右的开水加入紫砂壶中，使茶香唤醒即可。

泡茶：将洗茶水倒去，注入85℃的开水，大约泡4～5分钟。

品茶：待茶香味析出，就可以观茶形、闻茶香、品茶汤。

泡庐山云雾茶的最高境界是能泡出庐山云雾茶的醇厚、清香、白兰幽香等各种味道，喝到嘴里层次分明、醇厚浓郁，只觉茅塞顿开、神清气爽。

※ 注意事项

庐山云雾茶浓度较高，为避免茶汤过浓，可选用腹大的壶来冲泡。以陶壶和紫砂壶为宜。冲泡时的分量大约为壶身的20%。庐山云雾茶冲泡的次数不宜太多，一般不能超过3次，第一次可溶物质浸出50%左右；第二次浸出30%左右；第三次浸出10%左右。

此外，庐山云雾茶采摘的原料一般是幼嫩的一芽一叶，因此不能用100℃的沸水冲泡，否则会破坏幼嫩的茶芽。

茶疗秘方

※ 消炎安神茯苓茶

配方：茯苓5～10克，云雾茶包1个，蜂蜜适量。

做法：先将茯苓放入锅中，加入适量凉水用火煎服。待煮沸3分钟后，再将绿茶包放入茶杯中，最后将汤液连同茯苓一起倒入茶杯中。冲泡云雾茶包，依据个人口味，加入适量的蜂蜜调适，大约5分钟后即可饮用。

用法：每日2～3次，时间不限。

功效：茯苓具有消肿利水、宁心安神、消炎抗菌等作用，对治疗水肿、肾炎、尿路感染有特效。蜂蜜具有补血益气美容等功效。茯苓、云雾茶、蜂蜜三者搭配饮用，具有消除水肿、抗菌消炎、安神静心等功效，对水肿、肾炎、尿路不通等患者有较好的辅助作用。

※ 润肺化痰罗汉果茶

配方：罗汉果1个，云雾茶包1个，蜂蜜适量。

做法：先将罗汉果洗净，在罗汉果的两端分别钻一个小洞。这样便于果内的物质充分溶解于水中。再将罗汉果和云雾茶包分别放入茶杯中，用开水冲泡茶杯。大约5分钟后，加入适量蜂蜜，用勺子搅拌均匀，取出云雾茶包即可饮用。

用法：每日1～2次，罗汉果每次可以冲泡4～5次，时间不限。

功效：罗汉果鲜甜爽口、香气浓郁，具有生津止渴、清肝润肺、化痰止咳等作用。蜂蜜具有养颜美容、补血益气的作用。罗汉果、蜂蜜与云雾茶搭配饮用可以起到抗菌消炎、化痰止咳、润肺止咳、清肝养颜等作用，适用于治疗风热袭肺引起的声音嘶哑、咳嗽不爽、咽喉肿痛等症状。同时罗汉果花茶也可起到同样的功效，但只能用80℃的开水冲泡。

※ 强肾解泻枸杞茶

配方：枸杞2～5克，庐山云雾茶2克。

做法：先将枸杞用水洗净，将庐山云雾茶放入茶杯中，再将清净后的枸杞放入茶杯中，大约5分钟后，将枸杞和云雾茶捞出，即可饮用。

用法：每日一剂，少量多次饮用为佳。

功效：枸杞具有养血、润肺、益气、补肾等作用，通常用于视力减退、性欲减退等症状。枸杞与庐山云雾茶搭配饮用，可以起到益气补肾、润肺养胃、养血安神、怡神解泻、杀菌解毒等功效，适用于肠胃不好、贫血等人群饮用。

※ 抗菌戒烟槟榔茶

配方：庐山云雾茶、莲子、槟榔、甘草等各适量。

做法：先将莲子、槟榔、甘草、庐山云雾茶分别碾成碎末，再用滤纸将其包成小袋分装。每小袋大约3克粉末。饮用时取出一小袋进行冲泡。

用法：每日饮用2～3次，每次用一小袋，或取粉末3克。

功效：槟榔味苦、辛，性温，属于我国名贵的"四大南药"之一。归胃、大肠二经，具有驱虫、抗病毒、治痛风和抗真菌等功效。甘草也属于一种草药，具有抗菌消炎、镇咳、抗过敏等功效，对咽喉和呼吸器官具有保护作用，能减轻吸烟对咽喉造成的危害，并有解除香烟内有害物质的功效。莲子具有抗癌防癌、降血压、强心安神等功效。槟榔、甘草、莲子与庐山云雾茶搭配饮用，具有解烟毒、清热养胃等功效。此茶饮具有很好的戒烟作用，适用于大多数戒烟人群。

※ 清热排毒菊花茶

配方：云雾茶5克，菊花12克，冰糖30克。

做法：将冰糖、菊花、云雾茶分别放入茶壶中，用开水冲泡，5～8分钟后，用茶匙搅拌均匀，即可饮用。

用法：每日1～2次，时间不限，对于有血糖高者，可以少放或不加冰糖。

功效：菊花具有清热解毒、驱寒除湿等功效。冰糖具有去火消炎、缓解咽喉炎等作用。三者搭配饮用具有清热去火、排出身体毒素的良好作用。

※ 补血益气大枣茶

配方：大枣2～3颗，云雾茶适量。

做法：将红枣和云雾茶包分别放入杯中，用开水冲泡，约5分钟后取出茶包，便可饮用。

用法：每日1～2次，时间不限。

功效：大枣具有益气补血、养颜美容的作用。大枣与云雾茶搭配饮用，可以起到补血益气、养颜美容、延缓衰老等作用，适于气血不足的人群。

庐山云雾的文化底蕴

※ 云雾茶的传说

在很久以前，庐山五老峰下有一个宿云庵，庵里住着一个和尚名叫憨宗，他一直以种植茶树为生，他种植的茶树很是茂盛，被很多人称赞。有一年4月，本来正是天气回暖的季节，可是气候突然变化，冰冻三尺。他种植的茶树也遭遇了暴风雪的袭击，茶叶几乎全部被冻死。由于憨宗和尚种植的茶树早就名声远扬，因此浔阳官府派衙役多人，来到宿云庵找和尚憨宗，拿着朱票，硬是要买茶叶。可是，天寒地冻园里没有茶叶。憨宗便向衙役百般哀求，但没用，衙役根本不听，被逼无奈的憨宗和尚只好连夜逃走。

九江名士廖雨是憨宗和尚的好友，听说他的遭遇后，为他打抱不平，控诉横暴不讲理的官府。在九江街头各地贴冤状，题为《买茶谣》，以此来宣泄憨宗和尚的冤屈。可是官府却不理睬，并且行为更是肆无忌惮，想尽一切办法来糟蹋茶园。

为了以茶献礼于京城的达官贵人，便在惊蛰前采摘茶叶，清明前就开始准备往京城献礼。憨宗和尚看到自己一手种植的茶树，一夜之间满院狼藉，甚是愤怒悲伤。他的满腔苦楚，感动了上天，感化了经常在这里觅食的鸟类。他看到，从鹰嘴崖、迁莺石和高耸入云的五老峰巅等地飞来了红嘴蓝雀、杜鹃、画眉、黄莺等鸟类，唱着悠闲婉转的歌曲，在云中飞来飞去。仔细看才发现，它们嘴里都衔着憨宗和尚在园圃中隔年散落的一点点茶籽，只见鸟儿把一些散落的茶籽从冰冻的泥土中啄出来含在嘴里。奇怪的是它们并没有吃下去，也不是用来喂食它们的孩子，而是将其散落到云雾下的五老峰的岩石缝隙中。茶籽在岩石缝中得到适宜的温度和肥沃的土壤滋润，很快在五老峰上长出一片翠绿的茶园，憨宗和尚失而复得，很快又拥有一片属于自己的茶树，心里乐开了花。

由于这片茶园位于庐山五老峰之巅，常年云雾缭绕，茶树终日处在云雾的弥漫中成长，还有百鸟们辛苦地从高山云雾中一起播种，又经过憨宗和尚精心炒制而成，因此后人将此茶称为"云雾茶"。

※ 云雾茶文化景观

五老峰

庐山云雾的茶文化景观第一个要数五老峰。五老峰坐落在庐山的东南面，因山势险峻，五峰相连，形似5位老人，而得名"五老峰"。这里风光优美，山势又如此险峻，能将九江的秀丽风光尽收眼底。相传，诗仙李白曾隐居在庐山五老峰的青松白云之中。山上白云缭绕，青松遍布，这一切美景都触动了诗人的思想，使他们流连忘返。故而说："吾将此地巢云松。"

李白借助清澈的眼睛来审视五老峰，只见一条瀑布从天而降，泉水

潺潺，叮咚作响，烟雾朦胧，溪流蜿蜒。在这钟灵毓秀之地，五老峰似出水芙蓉，景色清秀依旧。

初升的红日把整个山峰染红，整个山峰的灵魂开始灵动起来。升腾的烟雾弥漫着整个山峰，白云磨灭了自己的踪迹，将青松高高地托举在莲花座上，而青松坚守着自己的地位，等待着白云不期而遇的造访。天边的5座高大雄壮的高山化为5位老人，他们盘曲而坐，与高大的青松相依为伴，看天上云卷云舒，望五老峰山清水秀。

马尾水景区

庐山云雾茶的第二个文化景观要数马尾水旅游生态景区。马尾水旅游景区坐落在庐山北山，这里地处公路一带的深山环抱之中，海拔500～800米，云雾缭绕，林木苍郁，山势雄伟，深谷幽泉，占地面积约一万余亩，其中森林覆盖率达98%以上，因马尾泉水流经全境而得名。其中最著名的景区要数罗汉送子和马尾水瀑布了。

罗汉送子

相传马尾水旧时常有猛兽出没，伤及无辜，以致这一带来往的人稀少。西方如来佛祖听到后，以法剪除猛兽，又派送子罗汉坐镇谷中，以此供众人求之，罗汉显灵，有求必应。从此，这一带人丁兴旺，村民安居乐业。时至今日，常常有人燃香求拜于罗汉石前，用来求子求福。

马尾水瀑布

相传天帝乘天马下凡，降临此处，目的是视察夏禹治水工程，天帝不料夏禹所用息壤并未加固，天帝的天马的马蹄和马尾都陷入息壤里，不能走动，天帝大急，匆忙中策鞭驱马飞腾，不料将马尾拔断，从此马尾便留在此地。因此人们将此地泉水称为"马尾水"。每当汛雨时节，马尾在瀑布泉水冲击中荡漾，神采飘逸，似天马横空，犹如万缕金丝。

在泉水枯竭时节，马尾依然随着潺潺泉水游来游去，轻轻梳洗。天帝留下的马尾虽经千万年泉水洗刷，依然风采如昔，后人称之为"神物"。马尾水瀑布也因此而一举成名。

※ 云雾茶的传承

庐山茶文化伴随着庐山云雾茶文化的发展而发展。庐山云雾茶，味——醇厚而含甘，香——清爽而持久，历来被饮茶者视为茶中珍品。庐山云雾茶早在宋代就被列为贡茶，以"色秀、香馨、味醇、液清"而久负盛名。

为集中展示庐山云雾茶以及江西绿茶产业的发展成果，进一步推广和

宣传庐山云雾茶在"江西绿茶"中的核心地位，我国在2011年江西九江市开展了庐山云雾茶文化节。庐山云雾茶文化节集中展现了庐山云雾茶的发展历史，茶叶生长的产地环境，茶叶的品牌介绍，以及庐山云雾新茶的介绍，特别详细地讲解了赣北茶区茶叶生产的惊人形式和茶叶产业发展所取得的喜人成果。同时也进一步地推动了江西绿茶产业的发展，集中整合了绿茶品牌，宣传本地茶品牌。

在开幕式上，通过舞蹈《采茶舞》和《云雾茶韵》的茶道表演，充分展现了茶文化的内涵和精神。活动期间还举行了庐山云雾茶摄影大赛，庐山云雾茶新茶评比大赛、庐山云雾茶书画大赛等。

第六章 六安瓜片——极品贡茶美名扬

名茶介绍

※ 茶叶历史

六安瓜片也称为片茶，是绿茶中的经典，被列为国家级的历史名茶。有着丰富的文化内涵和悠久的历史底蕴。其历史渊源流长，最早的史料记载已无从考证。

早在唐代《茶经》里就有关于"庐州六安瓜片"的记载。唐、宋史志，皆云寿州产茶，盖以其时盛唐、霍山隶寿州、隶安封建军也。今士人云："寿州向亦产茶，名云雾者最佳，可以消融积滞，蠲除沉疴……"（清道光《寿州志》）。古代盛唐县为今日的六安县。由此可见六安茶是唐代以来就被众人所知的。

明代科学家徐光启在他所著的《农政全书》记载道"六安州之片茶，为茶之极品"。在李东阳、萧显等人所著的《咏六安茶》曰："七碗清风自六安"、"陆羽旧经遗上品"，书中多处提到六安茶，给予六安茶很高的评价。

六安瓜片在清朝时期已被列为贡品茶，是绿茶中的精品茶叶，慈禧太后曾经每月就奉有14两。曹雪芹在他所著的《红楼梦》中，就有80多处提及六安瓜片，特别是"妙玉品六安瓜片茶"的一段，读来令人荡气回肠。由此可见，当时六安瓜片占有很高的地位，也是名震四方、倍受众人青睐的。

※ 产地及自然环境

六安瓜片驰名古今中外，不仅具有悠久的历史和丰厚的文化底蕴，还得益于六安茶独特的产地环境和精湛的加工工艺等。

六安瓜片主要产茶区位于安徽省六安市裕安区和革命老区金寨县，这里地处于大别山北麓，气候温和，云雾缭绕，高山环抱，土地肥沃，植被茂盛，为六安茶树的生长创造了有利的生长环境。此地所产的茶叶是真正大自然孕育的绿色食品，再加上这里雨量充沛，土壤肥沃，云雾弥漫，为茶树的生长提供了物质基础，因而长出来的茶叶和茶芽大多具有粗壮嫩绿、叶肥汁多、叶片质地醇厚、营养丰富等特点。

从茶叶产地划分为内山瓜片和外山瓜片两个产区，主要集中在六安、霍山以及金寨的毗邻山区和低山丘陵。外山瓜片产地有六安市的狮子岗、骆家庵、石板冲、石婆店一带。内山瓜片产地有六安的黄涧河、双峰、龙门冲、独山，金寨的响洪甸、鲜花岭、龚店一带。六安瓜片的产量以六安最多，其茶叶的品质以金寨的最优。瓜片的原产地位于齐头山一带，旧时属于六安的管辖范围，现在属于金寨所管。六安瓜片的极品当属齐头山所产的瓜片茶，也称之为"齐头山名片"。齐头山属于大别山的余脉，位于大别山区的西北边缘，与江淮的丘陵隔山相望，绵延几千里，海拔在800多米。远远望去傲然耸立、威武多姿，如天边的画屏。整个齐头山被花岗岩包围，这里林木葱郁、烟雾弥漫、怪石嶙峋、溪水潺潺、瀑布飞泻。山南坡上有一石洞，这里人迹罕至，悬崖峭壁，因大量蝙蝠栖居，故称为蝙蝠洞。由于此处的茶园处于山坡冲谷之中，

平日生长在优质的生态环境间，绝少污染，因此蝙蝠洞附近的茶场产的瓜片最为正宗。

※ 采制过程

六安瓜片茶优越的品质与它精细的采摘密不可分，再加上其后天独特的加工工艺，造就了形似瓜子的片形茶。它的采摘原料与其他绿茶的采摘有所不同，六安瓜片只采茶叶，不采摘梗和茶芽，是我国绿茶采摘中比较特殊的一种茶叶采摘方法。

同时六安瓜片茶的采制技术也与其他的名茶不同。春茶于谷雨后开始采摘，主要采摘以条状开发为叶片状，叶片大小近同。六安瓜片茶的采摘标准为对夹两叶、三叶和一芽两叶、三叶为主。鲜叶采回后要进行及时分拣。将已开面的老叶和未开面的嫩叶进行分拣，然后炒制成瓜片。将分拣出来的茶芽、茎梗和那些粗老的茶叶炒制成"针把子"，这些"针把子"可作为六安瓜片的副产品进行处理和销售。

正常气温的年景下，六安瓜片茶的新茶大约在谷雨前十天就可以采摘出来，而真正茶叶片营养丰富的茶叶应采自谷雨前后几天的时间。茶农选取嫩梢壮叶的茶叶，一般这种茶叶片肥厚汁多，味道醇厚。营养效果最佳，属于绿茶极品中的精品，不可多得。

※ 鉴别方法与选购

鉴别方法

观茶形：茶叶大小均齐，自然平展，叶边缘微微翘起，条索紧结的属于正品六安瓜片茶；那些茶条松散、茶叶大小参差不齐的皆为劣质品。

闻茶香：如果有淡淡清香味则为嫩度比较高的前期六安瓜片茶；如果有板栗香味的属于六安瓜片茶中的中期茶；如果带有浓浓的高火香味的则为六安瓜茶片中的后期茶。

看色泽：色泽宝绿，起润有霜为较好片茶；如果色泽发暗、发黄则为劣质片茶。

品茶汤：汤色碧绿明亮，香高味浓，醇厚甘甜者为上等瓜片茶；如果汤色橙黄、浑浊、滋味发苦，则为劣质或保存不当的六安瓜片茶。

选购

望色：通常情况下，干的六安瓜片茶色泽呈现深度铁青色，透翠、老嫩。从色泽一致，就可以判断出烘焙均匀、烘制到位。

闻香：通过嗅闻六安瓜片茶的清香透鼻的香气来判断优劣茶，如果带有烧板栗那种香味或幽香的则为上乘六安瓜片茶；而如果有青草味，说明炒制工夫欠佳。

嚼味：通过细嚼六安瓜片，可以感到头苦尾甜、苦中透甜的味觉，略用清水漱口后有一种清爽甜润的感觉，则为上等片茶。

观形：通过察看，应具备单片平展、顺直匀整的外形，片卷顺直、粗细匀称的条形，如果形状一致、茶形大小如一，说明炒功到位。

※ 炒法

在炒制六安瓜片茶之前，先将采摘的鲜茶叶进行摊放、分拣等程序，以去除茶叶中的部分水分，为下一步的炒制打好基础。一般来讲，六安瓜片炒制分生锅、熟锅、毛火、小火、老火5个传统加工工序，具体操作如下。

毛火：选用烘笼炭火，先将烘顶温度口控制在100℃左右，再将每个烘笼投放六安瓜片茶，重量约为1.5千克。

小火：小火要求温度不宜过高，在毛火完后最迟一天进行小火烘焙，每只烘笼投放茶叶大约1.5千克。当茶叶烘焙到足干，即可完成小火烘焙。

老火：老火又被称为拉老火。属于烘焙工序的最后一道。老火要求火温高，火势均匀，而且火势要猛。特别是木炭窑先排齐挤紧，火焰冲天，烧旺烧匀。每笼投茶叶为3～4千克。烘笼拉来拉去，相当于一个烘焙工一天要走十多千米地。而且每只烘笼茶叶要烘翻五六十次以上，当六安瓜片茶叶片烘焙至绿中带霜时即可下烘。烘焙好的六安瓜片茶要趁热装入铁筒，分层踩紧，最后加盖后用焊锡封口储存。

※ 级别品种

六安瓜片茶属于绿茶中的炒青绿茶，而不是发酵绿茶。历史上六安瓜片茶根据原料的不同，分为一等"提片"、二等"瓜片"和三等"梅片"。提片采用鼓好的幼嫩芽叶制成，在谷雨前采摘，品质最好，

泡茶后的质量最优；瓜片为第二片幼嫩茶叶，在谷雨后采摘，鲜叶粗老，品质次之，冲泡出的茶香不如"提片"冲泡出来的香高；而梅片为第三片较老茶叶，在梅雨季节采摘，品质稍差些，冲泡后的茶香更次之前两种茶。

瓜片根据产地的海拔高度不同又可分为"内山瓜片"和"外山瓜片"，内山瓜片和外山瓜片各分4级8等。其中内山瓜片的质量要优于外山。

※ 茶饮功效

六安瓜片茶属于绿茶中营养价值最高的茶类，其化学成分是由3.5%～7.0%的无机物和93%～96.5%的有机物组成。因为其选用的原料都是嫩绿的茶叶，而且此茶也是绿茶中唯一一种不发酵的烘青绿茶，茶叶中的叶绿素得到了很好的保护，比其他绿茶中的叶绿素要高很多。同时，这种茶叶的生长周期长，茶叶在光合作用下积累的有机物较丰富，因此说六安瓜片茶有很高营养价值和功效。六安瓜片茶不

仅可以提神抗疲劳、生津止渴、清理肠道脂肪、清热除燥，而且还具有很高的保健价值。除此之外，六安瓜片茶还有延缓衰老、清肝明目、抗菌消炎、消食、美容养颜、防癌等作用。

※ 储存

六安瓜片茶的储存条件与其他茶叶的储存条件大致相同，要求避光密封，干燥无异味，空气流通，不同的是它要求无积压的环境，温度要控制在0～20℃为宜。

现在市场上所卖的密封好的茶叶罐一般都是透光的，在使用其茶叶罐储存六安瓜片前，必须先将茶叶用铝箔袋将其包装好，然后再放入茶叶罐中。另外，为了防止茶叶在茶叶罐中吸入空气，加强茶叶的防潮的功能，可以在茶叶罐中加入适量的干燥剂，这样就可以确保茶叶在茶叶罐中储存万无一失了。

冲泡方法

※ 用水

冲泡六安瓜片茶选用纯净水或山泉水为宜。

※ 选器具

基本工夫茶具全套（其中包括茶道六件套，茶海1个和存茶罐1个），电水壶1个。

※ 冲泡方式

六安瓜片茶的冲泡方法可选上中下皆可，这里我们选用下投法来介绍。要求茶水没过茶叶即可。

※ 冲泡步骤

烧水：用电水壶先将泡茶用水烧开，再将开水冷却至75～85℃即可。

温杯：将透明直口茶杯用约80℃的开水冲淋，使茶杯受热均匀。

投茶：将3～5克的六安瓜片，用茶匙放入茶杯中。

洗茶：洗茶讲究一个快字，将80℃的温开水倒入茶杯中，使得茶水没过茶叶即可，将茶香唤醒即可。

泡茶：将洗茶水倒去，后用80℃左右已经冷却过的沸水倒入直口玻璃杯中(注意高冲低倒)，泡4～5分钟。一杯可口的六安瓜片茶就泡好了。

品茶：待茶香味析出，就可以观茶形、闻茶香、品茶汤。在品茶的同时可以通过学习"摇香"，使茶叶的香味得到充分的发挥，便于六安瓜片茶大量的有机物能够充分溶解到水中。

※ 注意事项

冲泡六安瓜片茶时，宜采用透明的玻璃杯，这样不仅可以品茗茶香，而且还可以观察茶形。六安瓜片茶一般采用两次冲泡方法，先温杯、温茶叶。茶汤饮至杯中剩余1/3的水量时（切记不宜全部饮干），再续加开水。第二次的茶汤浓郁，饮后齿颊留香，身心舒畅。第三次续水时，一般茶味已淡，续水再饮就显得淡薄无味了。

茶疗秘方

※ 利尿凉血金沙凤尾茶

配方： 海金沙6～15克，凤尾草10克，六安瓜片茶3～5克。

做法： 先将海金沙、凤尾草洗干净，然后将其一同装入干净的滤袋中备用。将六安茶包放入茶杯中备用。准备锅，在锅中放入适量的凉水，再将滤袋放入锅中，煮沸约5分钟后，将滤袋取出，最后将汤液倒入茶杯中冲泡茶叶，浸泡3～5分钟后即可饮用。

用法： 每日1剂，将茶于饭前分2次饮服，需要注意的是肾阴亏虚者慎服。

功效： 海金沙性甘、寒，味咸。具有清热解毒、利水通淋的作用。对于治疗尿路感染、咽喉肿痛、皮肤湿疹、带状疱疹、白带、肝炎、肾炎水肿、肠炎等功效显著。凤尾草具有清热利湿、利尿消肿、凉血解毒的功效。海金沙、凤尾草与六安瓜片茶搭配饮用，可以起到清热凉血、解毒利湿、利尿消肿等作用，对治疗肾炎水肿、皮肤湿疹、肠炎等效果显著。

※ 通淋提神万年青茶

配方： 万年青15克，六安瓜片茶3～5克。

做法： 先将万年青用清水洗干净，再将其放入锅中，煎煮5分钟后，将万年青用叉子捞出，将六安瓜片茶包放入茶杯中备用。最后将汤液倒入茶杯中，即可饮用。

用法： 每日1剂，分2～3次饮服。

功效： 万年青具有利尿、通淋、清热的作用，它与六安瓜片搭配饮用最明显的效果是消除水肿，特别是对于心脏性水肿的疗效较好，另外还有提神抗疲劳、消炎利尿等功效。

※ 开胃健脾山楂茶

配方： 干山楂片3～5片，六安瓜片茶包1个。

做法： 先将干山楂片放入茶杯中焖泡约5分钟后取出。然后将六安瓜片茶包放入杯中，焖泡3分钟后，再将取出的山楂片也放入茶杯中。最后将六安瓜片茶包取出，即可饮用。

用法： 每日1次，三餐后服用。

功效： 干山楂片有活血化瘀、防治心血管疾病、强心、开胃、助消化、平喘化痰、抑制细菌、收缩子宫的作用。与六安瓜片搭配饮用，可以消除赘肉油脂，对肉食积滞、胃脘腹痛、瘀血经闭、产后瘀阻、心腹刺痛、疝气疼痛、高脂血症等有很好的疗效。

※ 镇痛活血赤芍甘草茶

配方： 赤芍15克，甘草5克，六安瓜片3克。

做法： 先将赤芍和甘草用凉水清洗干净，再将其放入锅中加入1升的清水烧开，约煮沸3分钟后，再将六安瓜片茶放入茶杯中。最后用煮沸的赤芍和甘草的汤来冲泡杯中的茶叶，加盖焖泡10分钟后，方可饮用。

用法： 每日饮用1剂为宜，时间选择上午或下午两者皆可，连续饮用数日功效显著。

功效： 赤芍性微寒，味苦，归肝、脾二经。具有清热凉血、活血祛瘀、改善心肺功能的作用，还可以增加冠状动脉血的流量。同时赤芍具有清热、镇痛、镇静、解痉挛和抗惊厥的功效。甘草味甘，性平，无毒，具有清热解毒调节脾胃、润肺止咳、缓解止痛等作用，对于脾胃失调、乏力发热等患者功效显著。赤芍、甘草与六安瓜片茶搭配饮用，可以清热解毒、活血祛瘀、缓解止痛等作用，对冠心病、动脉硬化、脾胃失调的患者有很好的功效。

※ 补气美白荔枝杏仁茶

配方：新鲜荔枝3颗，干杏仁2颗，六安瓜片茶包1个（大约含有3克干茶叶）。

做法：先将荔枝洗净、去皮，然后将荔枝放入茶杯中，再加入干杏仁、六安瓜片茶包。最后选用开水冲泡，加盖3～5分钟后即可饮用。

用法：每日饮用1～2次，时间不限。

功效：荔枝性甘，味平，具有生津止渴、益人颜色、补血益气和提神健脑的功效，可用于头昏脑涨、烦躁不安、胸闷气短等症状。杏仁味苦，具有美容养颜、促进血液循环、润肺止咳的功效，还可以降低人体中的胆固醇。荔枝、杏仁与六安瓜片搭配饮用，可以起到提神抗疲劳、强健体魄、补血益气、美白养颜、润肺止咳平喘的作用，对于血气不足、烦躁不安、胆固醇高的患者具有很好的功效。此款茶饮亦可消炎杀菌，对脓肿、喉结发炎等有一定的缓解作用。

※ 平喘理气玫瑰茶

配方：干玫瑰花5克，六安瓜片3克，冰糖适量。

做法：先将玫瑰花瓣和六安瓜片放入茶杯中，再用开水冲泡。可以根据个人的口味加入适量的冰糖调适。加盖焖泡5分钟后取盖，用勺子先搅拌均匀，待茶温达到适口温度，即可饮用。

用法： 每日2～3次，时间选择清晨为宜。

功效： 玫瑰花属于一种珍贵的药材，味甘、微苦、性温，最明显的功效就是活血散瘀、调经止痛和理气解郁。对于心脑血管、心脏病、高血压和妇科有显著疗效。冰糖具有润肺平喘、消暑清热、去火消炎等作用。玫瑰、六安瓜片、冰糖搭配饮用，可以起到活血化瘀、理气解郁、降低血压、软化血管、润肺止咳等作用，对于心脑血管、心脏病、高血压等患者有很好的辅助作用。此款茶饮也是一种美白养颜的茶饮，是爱美男女皆宜的饮用佳品。

六安瓜片的文化底蕴

※ 六安瓜片的传说

传说在1905年初，六安县所产的茶叶已成为家喻户晓的名茶。当时的六安县已成立了多家茶行，其周边的金寨县和齐头山一带的茶行也如雨后春笋般纷纷成立。

在六安县有一位评茶师，整日没事就研究茶叶品种，观其形、察其色。忽然有一天，他突发奇想，从收购的大量绿茶中，选取嫩绿的茶叶，然后去除茶梗、茶芽，以此作为新品拿到市场上去卖。没想到一时间很多茶人都来围观，纷纷称赞其茶品质甚好，色泽宝绿，嫩绿明亮。他的新品茶叶竟然被众多茶行的人一抢而空，他从中获得一笔不小的收益。从此，这种新茶便在市面上应时而生。

没想到消息不胫而走，很快便传到当地周边县城茶行人的耳中，众茶行的老板们闻风而动，纷纷效仿。有人想从中谋取利润，便雇佣大量的茶工，如法采制，并将此种新茶起名"封翅"（意为峰翅）。

此举又启发了另外一家茶行。他们把采摘回来的茶叶鲜叶，剔除梗芽，并将嫩叶、老叶分开炒制，炒成后的茶叶，将茶尖"凤翅"的色、香、味、形展现得一览无余。泡好的茶也是味道十足，香高味浓，醇厚甘甜，被众人青睐。于是附近茶农又竞相学习，纷纷仿制。

由于这种茶形特别像葵花籽，逐渐被人们称为"瓜子片"，后来人们又叫"片茶"。又因此茶出名于六安，随后人们给其冠以地名，变成为"六安瓜片"。

又据说，在金寨麻埠附近的祝家楼财主与袁世凯是亲戚，祝家大财主常常用家中土特产来讨好袁世凯，通常奉上自家产的上等茶叶孝敬他。天长日久，袁世凯饮茶成瘾。而且袁世凯对茶叶的要求也是越来越高,像当地所产的菊花茶、大茶、毛尖早已经满足不了他的需求。于是,祝大财主开始苦思冥想,研究怎样才能让袁世凯高兴。他灵机一动,便想出了一个好点子。在后冲雇用当地有经验的茶工,不惜重金、不惜成本专拣春茶的第1~2片嫩叶,然后再要求茶工用小帚精心炒制,采用中国传统工艺炭火烘焙。没想到他花心思所制的新茶茶香四溢,形质俱丽,获得袁世凯的大力赞赏。

从此以后,瓜片在众多绿茶中脱颖而出,再加上茶叶本身所具有的别具一格的独特生长环境和后天精心的炒制过程,六安瓜片茶日益博得饮茶者的喜嗜。随后逐渐成了中国十大名茶之一,也被视为绿茶的珍品中的经典茶类。

※ 六安瓜片文化景观

六安瓜片的主产地在安徽省六安城裕安区和革命老区金寨县。六安城人杰地灵，古老神奇，众多人文景观蕴涵于大别山的青山碧水之间。这里文化悠久，是一座有着悠久历史的故都，传说六安有古八景，分别是"齐云拥雾""赤壁渔歌""钟楼远眺""桃坞晴霞""九公耸秀""龙穴返照""嵩寮泻乳"和"武陟积雪"。其中最为有名的当属"齐云拥雾"、"赤壁渔歌"和"九公耸秀"。

齐云拥雾

齐云山，又称为齐头山，坐落于六安城西南45千米以外的边缘处。州志载："齐山绝顶，常为云雾所封，其山峰上产茶甚壮而味独香醇"。经典名茶六安瓜片就产自此地。州志有诗曰："南山元豹爱深藏，蔀屋偏欣曝日光。传语雷公深锁洞，莫教宿雾到公堂。"

赤壁渔歌

六安赤壁坐落于六安古城西25千米处，毗邻淠河。州志载："小赤壁下临大河，继岸千尺，镌小赤壁字，时多乘流泛舟题诗壁上"。州志有诗曰："沙明水碧浪水轻，灌木连溪峭壁横。蟹舍几家依断岸，渔舟终古托浮生。歌飘橹外心俱净，唱入芦中听更清。我亦愿为垂钓者，一过此地转移情。"

九公耸秀

九公山坐落于六安古城的西南处，距离有35千米远。其山因有九个石头似人形，所以将其山称为"九公山"。这里山势挺拔俊秀，怪石嵯峨，景色绮绚，群峰叠岩。州志有诗曰："缥缈芙蓉柱笏直，霍州文物孕于兹。降神自是多申甫，储作天家论道资。"

※ 六安瓜片的传承

新中国成立后，周恩来总理一向喜爱品尝六安瓜片，在他临终前还念叨着六安瓜片。1971年，美国高官在第一次访华时，六安瓜片就作为中国国家级的礼品茶馈赠给外国友人。1915年六安瓜片在巴拿马万国博览会上获得金质奖。1955年，六安瓜片被评为全国十大名茶之一。1999年，六安瓜片获中国国际农业博览会名牌产品认证。2001年，在中国国际（芜湖）茶叶博览会上，六安瓜片50克拍出4.6万元的天价，荣获"茶王"殊荣。2007年，胡锦涛主席访问俄罗斯期间，将六安瓜片与黄山毛峰、太平猴魁和绿牡丹4种名茶，作为"国礼茶"赠送给俄罗斯领导人。2008年六安瓜片被列为"国家非物质文化遗产"。同年，六安瓜片获第七届国际名茶评比金奖。2009年六安瓜片获"中国世博十大名茶"及世博会联合国馆指定礼品茶称号。

第七章 君山银针——雾气袅袅舞白鹤

名茶介绍

※ 茶叶历史

君山银针一向以色、香、味、形俱佳而著称，其产茶历史十分悠久。追溯君山茶的渊源，可从明朝嘉靖年间中宪大夫孙继鲁在君山岛上的崇明寺墙上所立石碑文记载中得到答案：舜帝带领其妃子娥皇和女英在南下巡游时，妃子娥皇和女英因为好奇，便把茶叶的种子装进口袋，后来舜帝带着她们来到湖南的君山岛上游玩，娥皇和女英便亲自将茶叶的种子种植在君山上，因为当地的环境很利于茶树的生长，所以茶种很快便发芽，并茁壮成长起来。

据史料记载，君山茶在唐代已经生产和成名了。据说，唐代文成公主出嫁西藏时，就是拿着君山银针作为礼物陪嫁的。

清朝嘉靖年间万年淳所写的《君山茶歌》中提到："君山之茶不可得，只在山南和山北……李唐始有四品贡，从此遂为守令职。"又据同治《湖南省志》载："巴陵君山产茶，产茶嫩绿似莲心，岁以充贡。君山茶盛称于唐，始贡于五代（当时称为'黄翎毛'），宋时称为'白鹤茶'。"

据《巴陵县志》记载："君山贡茶自清始，每岁贡十八斤。谷雨前，知县前来邀山僧采一旗一枪，白毛茸然，俗呼白毛茶。"

又据《湖南省新通志》记载："君山茶色味似龙井，叶微宽而绿过之。"古人形容此茶如"白银盘里一青螺"。君山茶在清代被分为"尖茶"和"茸茶"两种，"尖茶"的特点是形如茶剑，白毛茸然，被纳为贡茶，素称"贡尖"。

※ 产地及自然环境

君山银针主要产区位于湖南岳阳洞庭湖中的君山上。君山岛上常年气候温和，雨量充沛，年平均温度16～17℃，年降雨量1340毫米左右，为茶树的生长提供了适宜的温度和湿度，尤其是3～9月份的土壤相对湿度可以达到80%左右。

春夏季节正值茶树生长的时期，这时候的空气开始回温，山间泉水潺潺，湖上云气缭绕，整个君山岛屿都朦胧在一片云海之中，好似一幅浑然天成的水彩画，令人叹为观止。云雾不但为整个君山蒙上了一层神秘的面纱，更为茶树的生长创造了有利的环境，幼嫩的茶芽和茶叶在云雾的滋润下茁壮成长。

君山银针的生长环境除了具备以上一般茶叶所具有的自然生长环境以外，还有其独特的3种自然生长环境。

独特的土质：君山岛屿上的土质主要是沙质土，这种土壤深厚、松软、肥沃。正因为土质疏松，所以能够吸附大量的空气中的热量，致使土壤的表皮储存较多的热量，供给茶树成长所需要的热量。而且这种土质结构有利于土壤表层水分的蒸发，不至于茶树根部含水量过

多。盛夏季节，温度较高，茶树生长较快，这种高温气候迫使茶树根吸收大量的水分和生长所需要的养料，有的茶树根竟能长到6米多长。到了晚上，沙质土地一般散热较快，从而使得茶树生长的昼夜温差较大，减少了茶树晚上的有氧代谢，从而为茶树的生长积累了大量的有机物。

适宜的生长环境： 目前君山岛上森林植被覆盖率高达90%以上，其中生长的维管束植物种类繁多，约有310多种。这种树林隐蔽的峡谷和坡地，空气不易流通，白天光照不强烈，冬季温度高，春季温差变化小，再加上常年风速小，空气湿度大，从而造就了君山银针叶肥汁多且叶厚柔软的特点。因此，君山银针经久耐泡的优势离不开茂密森林的遮掩。

典型的小气候： 君山四面环水，周围无高山深谷，这种地形有利于太阳全天都能照射到整个岛屿，空气湿度大，昼夜温差大，这种典型的

小气候为君山银针茶树的生长提供了有利的条件。

※ 采制过程

君山银针的采制有严格的要求，一般君山银针的开采时间于清明节前3天左右，前后不过7～10天的采摘时间，与其他茶叶的开采时间比相对较短。采摘的原料主要是茶芽，要求茶农直接从茶树上采掇芽肥粗壮的茶芽。为防止擦伤芽头和茸毛，一般将采摘的茶芽轻轻放入茶篮中并内衬有白布，且对采摘标准有着严格的把关，要做到"瘦弱芽不采""雨天不采""风伤不采""开口不采""弯曲不采""紫色芽不采""空心芽不采""冻伤芽不采""虫伤不采""过长过短芽不采"，即所谓的君山银针的"九不采"。

采摘的茶芽大小、形状有着明确的规定，主要采摘春茶的第一轮幼嫩的茶芽，芽头长度要在25～30毫米，宽度要在3～4毫米，芽蒂长度要在2毫米左右。要求君山银针的芽头肥硕重实，而且每个芽头一定要包含三四个已分化却未展开的叶片。叶片的长短、厚薄均以毫米来计算。一般采摘的鲜茶叶，芽头粗壮有力，挺直俊俏，白毫显露。君山银针的茶芽大小要均匀，形状如银针，色泽呈现金黄色。

一千克君山银针茶大约需要10.5万个茶芽组成，因此即便是一个采

茶高手一天也只能采摘鲜茶叶200克左右。

对采摘回来的茶芽也有严格的加工工艺，一般要经过杀青、摊放、初烘等8道加工工艺，大约需要78个小时方可完成。

※ 鉴别方法与选购

鉴别方法

色泽：芽身金黄，色泽均匀，冲泡后呈现金黄色。

外形：芽头粗壮有力，挺直俊俏，大小均匀，白毫显露，形状如银针。

茶香：香气清纯，滋味甜爽，香气鲜爽。

茶汤：汤色金黄明亮，叶底嫩黄匀亮。

选购

一摸：判断茶叶的干燥程度。任意找一片干茶，放在拇指和食指指尖用力一捻，如果马上成粉末，则干燥程度足够；如果是小碎粒，则干燥程度不足，或茶叶已经吸潮。干燥度不足的茶叶较难储存，香气也不高。

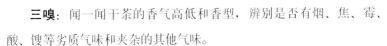

二看：看干茶是否符合君山银针的基本特征，包括外形、色泽、匀净度等。

三嗅：闻一闻干茶的香气高低和香型，辨别是否有烟、焦、霉、酸、馊等劣质气味和夹杂的其他气味。

四尝：当干茶的含水量、外形、色泽、香气等均符合要求后，取3～4克君山银针茶放在杯中或碗中，冲入150～200毫升沸水，5分钟后嗅其香气，再看汤色，细品滋味。

另外，还要说一说新茶与陈茶的区别。高档君山银针新茶较有光泽，陈茶的色泽偏灰暗。若在新茶中掺入了陈茶，则干茶的整体色泽较杂；但掺入经过冷藏的陈茶，常由于色泽较绿，有时也难以分清，因此开汤评审有助于辨别。

※ 炒法

君山银针制作工序分杀青、摊晾、初烘、复摊晾、初包、复烘、再包、焙干等8道加工工序，时间大约需要78小时，历时三四天之久。

杀青：准备斜锅，先将锅在鲜叶杀青前，要进行磨光打蜡，将锅温控制好，要"先高（100～120℃）后低（80℃）"。每只斜锅中投放的茶叶量约为300克，茶叶放入锅中后，要求两手将茶叶轻轻捞起，收到胸前，再由怀中两手向前推开，最后上抛散开于锅壁沿，使茶叶轻轻自由滑落下来。此过程要求动作迅速、轻巧，切忌茶芽产生重力摩擦，否则茶芽很容易弯曲变形，白毫脱落，茶色发暗，历时4～5分钟。当茶叶散发出茶香，茶蒂发软，脱去青色，茶叶减重率达到30%左右的时候，茶芽的杀青完成，即可出锅。

摊晾：将茶叶经过杀青出锅后，盛放在簸箕中，轻轻将簸箕扬起几次，当茶叶散发香气即可。此过程要求将茶叶中的细末和杂质除去。整个摊晾过程历时4～5分钟，此时即可准备下一步的初烘。

初烘：将摊晾后的茶叶放入炭火炕灶上初烘，初烘温度要求控制在50～60℃，初烘需要20～30分钟。烘制茶叶到半干左右。需要注意的是，初烘程度要掌握准确，如果茶叶初烘过干，则会造成初包的时候转色困难，茶叶颜色容易呈现青绿色，也达不到君山银针所应有的香高色黄的要求；而如果过湿的话，茶叶呈现的色泽发暗，香味低沉。

复摊晾：将初烘后的君山银针放入簸箕中稍稍晾凉。

初包：将晾凉后的茶叶用牛皮纸包好，每包大约需要放置1.5千克的茶叶，然后再将其放入箱中，放置40～48个小时。此过程也称为初包闷黄，以便于君山银针特有的茶叶香味的形成，是君山银针加工过程中一道重要的工序。每包投放茶叶的多少也有讲究，每包茶叶不可过多或过少，太少色变缓慢，难以达到初包的要求；而太多化学变化剧烈，芽易发暗。茶叶的初包闷黄也是茶叶氧化的过程，此过程茶包内的温度会上升，因此每隔24小时，要将茶包翻包一次，以便使茶叶在包内氧化后转色均匀。初包时间的长短与空气的温度密切相关。当气温在20℃时，初包大约需要40小时，而气温越低初包时间越长。当芽现黄色即可松包复烘。初包完成后，君山银针的茶叶品质基本形成。

复烘：要求温度控制在50℃左右，大约需要1小时。当茶叶达到八成干时，复烘过程就结束了。下烘后要将茶叶进行摊晾，与上述摊晾方法一致。摊晾的目的与初烘后相同。复烘的目的在于进一步蒸发君山银针中的水分，固定茶叶已形成的有效物质。

再包：与初包的方法一样，待茶芽香气浓郁，色泽金黄即为适度。用时大约为20小时。

焙干：温度50～55℃，投放茶叶量为500克左右，直至茶叶烘至足干即可。

※ 级别品种

君山银针茶属于黄茶。其风格独特，质量超群，品质优异，成为中国茶中的佼佼者，被许多饮茶人士所青睐。君山银针一般来说，分为特级、一级、二级3个等级。

特级：芽头肥壮挺直，大小均匀，色泽金黄光亮，银毫显露，汤色金黄明亮，香气清高醇厚，滋味甜爽，叶底嫩黄匀亮。

一级：芽头挺直，色泽金黄，汤色金黄明亮，香气清纯，滋味甜爽，叶底嫩黄匀亮。

二级：芽头细紧稍弯，大小不一，稍有断碎，色泽黄中发暗，滋味醇和，香味纯正。

※ 茶饮功效

君山银针茶可以抑制肠胃对脂肪的吸收，能够帮助消化，适合老年人和食欲不振的人群经常饮用。君山银针茶的抗衰老功效是公认的，女性朋友们可以经常饮用。此外，君山银针茶还具有防癌、提神醒脑、消除疲劳、醒酒敌烟等功效。

※ 储存

储存君山银针与储存其他茶叶都要求有一个清洁、干燥、无异味、避光、空气流通的环境。因此，冰箱低温储存、瓦坛储存、铁罐储存、热水瓶储存等方法都比较适合君山银针茶的储存。一般家庭储存多会选用冰箱低温储存法。

冲泡方法

※ 用水

由于君山银针茶的特殊性，冲泡时必不可少的就是先要考虑用哪种水才能将君山银针茶的色、香、味、形展现得淋漓尽致。冲泡君山银针以选用清冽的山泉水为佳。

※ 选器具

冲泡君山银针的茶具宜选用透明的玻璃杯，便于以后的品茗。要求杯子的高度在10～15厘米，杯口的直径也要求在4～6厘米，每只茶杯的投放量为3克左右，太多或太少都不利于观察茶叶在水中的姿形。

基本工夫茶具1套（其中包括竹节茶道六件套，茶海1个和存茶罐1个），透明高形玻璃杯1个，电水壶1个。

※ 冲泡方法

君山银针通常以色、香、味、形俱佳而著称，属于中国上等的茶类。从品茗的角度来说，君山银针是一种重在观赏的典型茶叶，因此冲泡此茶，要特别强调冲泡技术和观赏价值。

冲泡君山银针宜选用中投法，效果最佳。

※ 冲泡步骤

赏茶： 用茶匙摄取少量君山银针放于洁净赏茶盘中，供宾客观赏。

洁具： 用开水预热茶杯，还可以清洁茶具，随后要擦干杯中水珠，避免茶芽吸水，而降低茶芽的竖立率。

置茶： 用茶匙从茶叶罐中取出约3克君山银针，放入茶杯待泡。

高冲：将水壶中的水烧至95℃左右。提高水壶，借助水的冲力，先快后慢冲入茶杯，先倒入半杯水，使茶芽湿透。稍后，提壶再冲至七八分杯满为止。摇动茶杯，为使茶芽均匀吸水，加速下沉，随即把玻璃片盖在茶杯上，经5分钟后，去掉玻璃盖片。

品茶：大约冲泡10分钟后，大家就可以一饱君山银针"茶舞"的眼福了。只见沸水冲泡后，茶叶在杯中整齐排列，一根根垂直挺立，踊跃向上，悬于杯中，继而开始有上有下，最终都开始徐徐下沉。军人视之谓"刀枪林立"，艺人偏说是"金菊怒放"，而文人赞叹曰"雨后春笋"，最后饮茶人开怀大笑道"琼浆玉液"。

※ 注意事项

1．用玻璃杯泡茶时不能用手握杯身，这样会使指纹印在杯壁上。

2．因为是用玻璃杯直接饮用，投茶量宜少不宜多。

3．玻璃杯在冲水入杯体时，小心烫手，最好拿杯子底部。君山银针冲泡时，茶水比例1：50，水温95℃左右。

茶疗秘方

※ 润燥消肿连翘茶

配方： 连翘6克，玉竹8克，君山银针茶包1个。

做法： 先把连翘和玉竹清洗干净，放入茶杯中，然后把君山银针茶包放入杯中，最后用开水冲泡，再用勺子将玉竹和连翘搅拌均匀，冲泡大约10分钟，即可饮用。

用法： 每日1剂，分2～3次冲服，时间不限。

功效： 连翘具有清热解毒、消肿的作用。玉竹具有养阴润燥、除烦止渴的功效。连翘、玉竹与君山银针搭配饮用，具有消炎解毒、利尿、消肿、润燥等作用，对消谷易饥、小便频数、咳嗽烦渴、虚劳发热等功效显著。

※ 强体健脑菊花茶

配方： 菊花3克，君山银针3克，冰糖适量。

做法： 先将茶杯用开水冲洗干净，擦干杯中的水分，然后将金银花、菊花和君山银针用开水冲泡，再加入冰糖加盖焖泡，约5分钟后，开盖用茶勺将茶汤搅拌均匀，即可饮用。

用法： 每日饮用1剂，分2～3次冲泡。腹泻患者忌饮用。

功效： 菊花具有清肝明目、散风清热的作用。菊花与君山银针搭配饮用，可以起到清肝泻火、解毒明目、清热解毒、增强体质、健脑益思的作用，可用于风热感冒、头昏脑涨、眼睛模糊的人群，也是上班族在工作之余，增强体质的饮用佳品。而且常饮此款茶饮，对于慢性肝炎、眼部炎症有很好的辅助作用。

※ 瘦身止渴甘草茶

配方：甘草6克，君山银针3克，蜂蜜适量。

做法：先将甘草、君山银针分别放入茶杯中，搅拌均匀，然后加入开水冲泡，加盖焖泡5～8分钟后，最后加入适量的蜂蜜调匀，温服即可。

用法：每日1剂，温服。时间选择早上或下午为宜。

功效：蜂蜜一定要天然蜜，味道会更好。君山银针宜选用更新鲜的新茶，味道会更清香。蜂蜜具有美容、养颜、减肥等作用，甘草具有健脾润肺、生津止渴、利尿解毒等功效。蜂蜜和甘草两者与君山银针搭配饮用，具有清热解毒、润肺健脾等作用，对于精神困倦、四肢乏力、暑热口渴、肝炎、低血糖、便秘、汗多尿少、气管炎、病后体弱等患者可起到良好的辅助治疗效果。

※ 止泻解毒连梅茶

配方：黄连2克，鲜乌梅3颗，君山银针3克。

做法：先将黄连、新鲜乌梅分别洗净备用。将君山银针茶放入干净的茶杯中备用。然后准备锅，在锅中倒入大约300毫升的清水，然后将洗好的黄连和乌梅分别放入锅中。开火，加盖，煎煮5～10分钟后，熄火，将锅中的渣捞出，最后将锅中汤液冲泡杯中的茶叶，大概冲泡5分钟后，即可饮用。亦可以根据个人的口味加入适量的白糖调适。

用法：每日煎煮1剂，分1～2次温服，时间不限。

功效：黄连具有清热除燥、泻火解毒等作用，可用于湿热痞满、呕吐吞酸、泻痢等患者。乌梅有涩肠止泻、润肺止咳的作用。黄连、乌梅两者与君山银针搭配饮用，可用于心火热盛、心烦不寐、湿热泻痢，对于急慢性炎症、腹泻有明显的效果。

※ 健胃清肺橘皮茶

配方：干橘皮10～15克，君山银针茶3克。

做法：干橘皮的制作可以先将鲜橘皮洗净，然后放入阳光下晒干。晒干后的干橘皮可以与君山银针茶一起储藏。每次饮用前，分别取出适量的干橘皮，与君山银针茶

一起放入茶杯中，加入沸水，加盖焖泡5分钟后捞出，即可饮用。

用法：每日1～2次，饮用时间不限。

功效：干橘皮性温，味苦、辛。橘皮中富含大量的维生素C和香油精，具有通气提神、理气化痰、清肺止咳、健胃除湿、降低血压等功能，用于肺热咳嗽、胸膈结气、呕吐少食、饮酒过度者。橘皮与君山银针搭配饮用，具有清肺止咳、健胃除湿、降低血压等作用，对于脾胃不和、胃虚食少、肺热咳嗽、胸膈结气、高血压等患者功效显著，同时此款茶饮还具有解酒的功效。

※ 利咽止咳桔梗茶

配方：桔梗3克，甘草6克，君山银针3克。

做法：先将桔梗、甘草分别清洁洗净，再将桔梗、甘草、君山银针分别放入锅中，再向锅中加水300毫升，开火煎煮，直到锅中水分剩余70%左右时熄火，将锅中渣捞出，将汤液倒入茶杯中，即可饮用。

用法：每日1剂，分2次饮用，时间不限。

功效：桔梗具有宣肺利咽、清热解毒的作用，主治风热郁肺，致成肺痈咳嗽、咽痛喉痹、风热郁肺。甘草具有健脾润肺、生津止渴、利尿解毒等功效。桔梗、甘草与君山银针搭配饮用，具有清热解毒、消炎利咽、健脾润肺等作用，对于咽喉肿痛、风热郁肺、咽干多渴等症状功效显著。

※ 凉血祛疮青叶茶

配方： 大青叶15克，君山银针茶9克。

做法： 取干净的茶壶，先将大青叶、君山银针分别放入茶壶中，最后用开水冲泡5～10分钟后，将泡好的茶水倒入茶杯中冷却，即可饮用。

用法： 每日1剂，分3～4次冲泡，温服，时间不限。

功效： 大青叶具有清热解毒、凉血止血、消炎杀菌的作用，可用于黄疸、口疮、痈疽肿毒、热病烦渴、流感、肺炎、肠炎等。大青叶与君山银针搭配饮用，具有消炎解毒、凉血止血的作用，对治疗流感、黄疸、口疮等有明显的功效。

※ 强体健脾山楂茶

配方： 山楂15克，君山银针3克，白糖5克。

做法： 先将山楂清洗干净，然后将其去核，切片备用。准备炖杯，在炖杯中加入清水约300毫升，然后将山楂片放入炖杯中。先用大火将炖杯烧开，然后转用小火煎煮大约20分钟后，加入君山银针茶和白糖，搅拌均匀，大约2分钟后熄火。最后将杯中的茶汤通过滤网倒入茶杯中，即可饮用。

用法： 每日1剂，分2～3次饮用。

功效： 山楂具有消食健胃、化滞消积的功能。山楂与君山银针结合，具有消食化积、健脾开胃、增强体质、提神抗疲劳等作用，对于消化不良、脾虚者具有很好的功效。

君山银针的文化底蕴

※ 银针茶的传说

君山银针原名白鹤茶。相传在初唐时，有一位名叫白鹤真人的云游道士，从海外仙山归来。一天，他来到一处茶田，将随身携带的八株神仙赐予的茶苗种在君山岛上。后来，他在君山岛上又修起了巍峨壮观的寺院，取名白鹤寺。这位白鹤真人，觉得有些口渴，便在寺院前挖了一口井，取名为"白鹤井"。白鹤真人取白鹤井水冲泡仙茶，不一会儿，只看到杯中一股白气冲天，然后袅袅上升，水气中一只白鹤冲天而去，白鹤真人给此茶取名为"白鹤茶"。又因为此茶色泽金黄，形似黄雀的翎毛，所以又名"黄翎毛"。相传多年以后，白鹤茶传到长安。天子饮后，深得宠爱，遂将白鹤茶与白鹤井水定为朝中贡品。

有一年进贡时，船过长江，由于江上风浪过大，把随船带来的白鹤井水给洒掉了。押船的州官很害怕，只能就地取材，舀了一些江水鱼目混珠。当把混合的井水和江水运到长安后，皇帝拿来泡茶，只见茶叶在杯中上下浮沉，并没有出现白鹤冲天的景象。皇帝心中纳闷，随口便

道："白鹤居然死了！"无意金口一开，即为玉言，谁料到白鹤井的井水马上就枯竭了。从此，白鹤真人也不知所踪。但最终白鹤茶却流传了下来，即是产自君山岛上的君山银针茶。

君山，又名洞庭山，本身就是神山仙境的意思，历史上流传着许多神奇的传说。

相传4 000多年前舜帝南巡，不幸死于九嶷山下。他的两个爱妃娥皇、女英前来奔丧，船到洞庭被风浪打翻，湖上漂来72只青螺，把她们托起聚成君山。爱妃南望茫茫湖水，扶竹痛哭，血泪染竹成斑，后人称为湘妃竹。"斑竹一枝千滴泪"，成了后世爱情忠贞的象征。因为她们是君妃，所以把这里定名为君山。

脍炙人口的柳毅传书的传奇故事，据说也发生在君山。这里有柳毅井，井水烹茶酿酒，清香芬芳。还有龙涎井、飞来钟和用秦始皇的御玺盖的"封山"印。君山有大小七十二峰，每个山峰都有一个名字，每个山峰都有异景奇观，每个景观又都有一段优美动听的故事。

※ 君山银针茶文化景观

君山银针产自湖南岳阳洞庭湖中的君山，总面积96公顷，被"道书"列为天下第十一福地，现为国家级重点风景名胜区。早在清代，万年淳有诗云："试把雀泉烹雀舌，烹来长似君山色。"李白称赞君山道："淡扫明湖开玉镜，丹青画出是君山。"而刘禹锡却说君山是："遥望洞庭山水翠，白银盘里一青螺。"

龙涎井

龙涎井为君山五大名井之一，位于君山龙舌山的前沿。井口直径0.84米，井口刻有龙舌的图纹，泉水从岩石上正好流入井内，犹如从龙舌头上滴入井里的涎水。相传此井的井水纯净清澈，永不干涸。清代万年淳在《君山茶歌》中这样赞美它："试挹龙涎烹雀舌，烹来常似君山色。"

虞帝二妃墓

二妃墓在君山斑竹山的西头，墓为圆形石砌，前立石柱上清代两江总督彭玉麟亲手提笔"虞帝二妃之墓"。墓前20米处的一对高柱上镌刻着1918年舒绍亮题写的一副对联："君妃二魄芳千古，山竹诸斑泪一人。"据传舜践帝三十九年，南巡狩猎，逝于野外，葬在江南九嶷（今宁远县九嶷山）。舜帝的两个妃子久不见归，就四处寻找，终于在洞庭君山打听到舜帝逝世的消息。悲伤致疾，久治不愈也逝于君山。

※ 君山银针茶的传承

最近几年君山银针茶新推出了"黄金砖"和"黄金饼"等系列的黄茶新系列品种。从市场的反应来看，大家对君山银针新茶抱有很大的乐观的态度。君山银针回归黄茶不光是对中国传统文化的继承，也是对茶叶种类多元化的考虑。这种趋向比较符合中国茶叶市场的发展惯性。物以稀为贵，越是稀少的茶叶，越是受到人们的重视，也最具有可能掀起茶叶在中国市场中的价格洗牌。

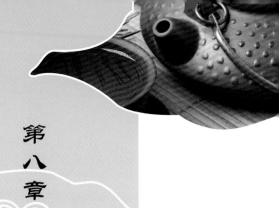

第八章 信阳毛尖——中原名茶传世界

名茶介绍

※ 茶叶历史

信阳毛尖属绿茶类，素有"绿茶之王"的美誉，是河南省著名特产。信阳毛尖品质优异，一向以"细圆挺直、光滑多毫、味浓香高、汤色碧绿"等独特风格而享誉中外，备受人们的青睐。

古时候河南信阳地区被划分为淮南地区，追溯信阳毛尖茶叶的历史，要从淮南产茶区说起。

在唐代茶叶生产发展开始进入兴盛时期，茶圣陆羽编写的世界第一部《茶经》开始问世，书中讲道，全国盛产茶叶的13个省42个州郡，被划分为八大茶区，其中特别指出河南信阳归淮南茶区。

北宋时期，大文学家苏东坡尝遍各地名茶，而最后挥毫称赞道，"淮南茶，信阳第一。"由此可见信阳毛尖茶叶早在宋朝已经在全国久负盛名了。

清朝时期，信阳毛尖茶的生产得到迅速发展。季邑人蔡竹贤倡导开山种茶，发展面积达20多万平方米的茶园，逐渐完善了毛尖的炒制工艺。清朝末期，则出现了细茶信阳毛尖。

到了民国，茶叶的生产又得到大力发展，信阳茶区又先后成立了五大茶社，加上当时清朝的三大茶社，统称为"八大茶社"。这八大茶社注重茶叶制作技术上的引进和吸收，使得信阳毛尖的加工技术得到进一步完善。1913年产出了品质上乘的本山毛尖茶，命名为"信阳毛尖"，将信阳毛尖的茶品推向了新的高潮。

※ 产地及自然环境

信阳毛尖的驰名产地是两潭（黑龙潭、白龙潭）、一山（震雷山）、五云（车云、集云、云雾、天云、连云5座山）、一寨（何家寨）、一寺（灵山寺），素有"五云两潭一寨一寺"之称。这些地方海拔均在500～800米，溪流纵横，云雾弥漫，高山峻岭，群峦叠翠。

俗话说，高山云雾出好茶，"五云两潭一寨"所产的信阳毛尖茶质量最优，品质卓越，经久耐泡，冲泡后茶味醇厚。主要是因为这里山高云雾多，光照适宜，短光波的蓝、紫、红光易被茶叶中的叶绿素吸收，从而增强了茶树的光合作用，使茶叶含有丰富的有机质，故而令茶叶味香醇厚。这里高山日夜温差大、白天温度高，茶叶经光合作用积蓄大量的有机物质；而夜晚温度低，有效降低了茶树的有氧呼吸，从而降低了茶叶中有机物的消耗，为茶树的叶肥汁多创造了条件，故冲泡后的信阳毛尖高山茶叶味道浓郁。再加上高山雾浓、空气湿润，使芽叶持嫩性强，粗纤维少。土层深厚松软，偏酸性，有利于茶树生长。高山林茂，枯枝落叶大多腐烂为土，茶树可以汲取土壤中的大量有机物质。溪水潺潺，水质洁净，很少污染，茶叶质量纯正，无杂味。

信阳毛尖茶园的主要产区位于北到淮河，南到大别山北坡的潭家河、

李家寨、田铺、周河、长竹园、伏山、苏河、卡房、箭厂河、苏仙石、陈琳子等乡镇沿线，西到桐柏山与大别山连接处的吴家店、游河、董家河、王岗、高粱店、浉河港等乡镇沿线，东到固始县泉河流域的陈集、泉河铺、张广庙、黎集等乡镇。具体包括浉河区、商城县、固始县、潢川县、平桥区、罗山县、光山县、新县管辖的128个产茶乡镇。

信阳茶叶资源极为丰富，淮南丘陵和大山区皆有种植，荣获国家金质奖的信阳毛尖则主要来自信阳西南山区。除信阳西南山区外，另外新县、潢川、固始、信阳市、商城、光山、罗山等地皆产茶叶，并且多出名茶。尤其商城县金刚台、大苏山等地层峦叠翠，云雾缭绕，所产"雀舌茶"形如鸟雀舌尖，汤色淡黄微绿，滋味香醇。

※ 采制过程

　　信阳毛尖的茶区属高纬度茶区，这里一年四季分明，属于典型的北方茶区。一般北方茶区比南方茶区开采晚，而且封园早。每年隆冬季节，大雪覆盖了大地，冰雪封冻了高山，万物失去生机，唯有河南的信阳毛尖茶树傲寒而立，只见茶花次第怒放，青枝绿叶，浓香宜人，在寒冷的冰天雪地下体现着另一番春意。人们为了给信阳毛尖注入更强的活力，每年都及时对茶园进行封根培土，为茶树增施有机肥。期间茶树借助这特殊修养的机会，为来年的生长储存了大量的养料。加之深山区阳光迟来早去，因此这里的茶叶内含物丰富，特别是氨基酸、儿茶素、咖啡因、芳香物质、水浸出物等含量，均优于南方茶区，为南方茶区所不及。

信阳毛尖的采茶期分为三季：清明节前后采春茶，芒种前后采夏茶，立秋前后采秋茶。清明节前后只采少量的"跑山尖"和"雨前毛尖"，被视为茶中珍品。

每逢采茶季节，采茶姑娘穿着红绿衣服，流动在漫山遍野，好似玉蝶翩翩起舞，又似仙女下凡。采茶姑娘用她们纤细的嫩手，把细嫩的茶芽一片片、一芽芽地采摘下来。一般1千克特级信阳毛尖竟然需10万多个芽头。可见这里凝结了多少采茶姑娘的心血。有道是"谁知杯中茶，片片皆辛苦，饮得毛尖茶，望君多珍惜。"

茶叶的采摘标准更是讲究，要求不采蒂梗，不采鱼叶，只采芽苞。除此之外，信阳毛尖对盛装鲜叶的容器也是特别讲究，采用透气的光滑竹篮来盛放采摘后的鲜叶，做到不挤不压。并及时将采摘后的鲜叶送回阴凉的室内摊放2～4小时，再对鲜叶进行分批、分级炒制。可想而知信阳毛尖的采摘标准要求是多么严格。一般做到茶不隔夜，做到当天采制、当天炒完。

※ 鉴别方法与选购

信阳毛尖的色、香、味、形均有独特个性，有"绿茶之王"的美誉。下面来看看该如何鉴别和选购正品信阳毛尖。

鉴别方法

观其形：色泽匀整、鲜绿有光泽、白毫明显。外形细、圆、光、直、多白毫，色泽翠绿。一般假冒的信阳毛尖茶叶泡开后，叶面宽大，叶缘一般无锯齿、叶片暗绿、柳叶薄亮。芽叶着生部位一般为对生，嫩茎多为方形，色泽较暗。

品其味：冲后香高持久，滋味浓醇，回甘生津，汤色明亮清澈。优质信阳毛尖汤色嫩绿、黄绿或明亮，味道清香扑鼻；劣质信阳毛尖则汤色深绿或发黄、混浊发暗，不耐冲泡、没有茶香味；假冒的信阳毛尖冲泡后汤色深绿、发混，有股臭气，且滋味苦涩、发酸，无茶香味。

总而言之，鉴别信阳毛尖的优劣、正品茶与假冒茶，可以先从外观上仔细观察，如果不能很好地判断，可以通过品茗的方式进一步辨别。一般优质信阳毛尖冲泡后头道苦、二道甜，并且经久耐泡，可以冲泡3～5道，而劣质的信阳毛尖最多泡2道。假冒的茶味道不纯，夹杂其他的异味，而且香味不高。

选购

捻一捻： 随意抓一把信阳毛尖，放在食指和拇指之间，用力捻一捻，看看它的干燥程度。一般炒制好的信阳毛尖的含水量非常严格，不能过高也不能太低，如果茶叶的含水量过高的话，茶叶就会被空气氧化，品质下降，而且茶叶品质也容易变质，从而滋生细菌和霉菌。如果茶叶的含水量太低的话，在运输的过程中条索很容易折断，因此形成大量的碎末。另外，茶叶在储存过程中保护不当，会使茶叶接触空气，导致茶叶吸附到水分和其他异味，从而影响茶叶的口感和香气，因此信阳毛尖的最佳标准含水量以保持6.5%左右为宜。

看一看： 看茶叶的色泽和形状。顶尖的信阳毛尖的外形圆直光润，呈细条，色泽鲜绿，而且叶缘有细小的锯齿，嫩茎圆形，叶片肥厚绿亮。正宗毛尖无论是陈茶还是新茶，冲后的茶汤颜色都偏黄绿，色泽匀整、嫩度高。茶条外形整齐均匀，条索紧实，粗细一致。

尝一尝：取少许信阳毛尖干茶叶，放到舌头上尝一尝，其滋味分别为苦、涩、甘甜、清爽，正品信阳毛尖富含大量的有机物、茶多酚和芳香物质，其味道比一般的茶叶要醇厚得多。品尝后，最终味蕾上都能感受到茶叶不同有效成分带来的4种味道。

※ 炒法

信阳毛尖的加工工艺分为现代机械工艺和传统的手工工艺，现在采用较多的为机械工艺。其机械工艺的具体步骤如下。

筛分：将采摘的鲜叶按不同品种、不同时间、不同等级进行分类、分等，剔除异物，分别摊放。

摊放：要求室内温度在25℃以下，将筛分后的鲜叶每隔一小时左右轻翻一次。摊放时间根据鲜叶级别控制在2～6小时为宜，整个摊放过程直到茶叶的青气散失为止。

杀青：机械杀青宜采用滚筒杀青机。杀青后的茶叶含水量控制在

60%左右。杀青适度的标志是手捏叶质柔软，紧握成团，略有弹性，略有黏性，青气消失，叶色暗绿，略带茶香。

揉捻：使用适制名优绿茶的揉捻机，摊晾后的杀青叶宜冷揉。投叶量视原料的嫩度及机型而定。揉捻时间视茶叶高低档次不同，一般高档茶控制在15～20分钟，中低档茶控制在20～25分钟。在揉捻的同时根据叶质老嫩适当加压，当揉捻叶表面粘有茶汁，用手握后有黏湿的感觉即可。

解块：机械解块宜使用适制名优绿茶的茶叶解块机，将揉捻成块的叶团解散。

理条：使用适制名优条形茶的理条机，理条时间不宜过长，温度控制在90～100℃，投叶量不宜过多，时间在5分钟左右为宜。

初烘：采用适制名优绿茶的网带式或链板式连续烘干机进行初烘。根据信阳毛尖茶叶品质，要求进风口温度控制在120～130℃，时间宜在10～15分钟，初烘后的茶叶中的含水量在15%～20%。

摊晾：将初烘后的茶叶，及时摊晾4小时以上。在室内摊晾，避免阳光。

复烘：复烘仍在烘干机中进行，温度以90～100℃为宜，要求含水量控制在6%以下。

※ 级别品种

按照采摘时间不同，可以将信阳毛尖的种类分为明前茶、谷雨茶、春尾茶、夏茶和白露茶。

明前茶：于清明节前采制，采摘的原料几乎为100%嫩芽头，属于信阳毛尖最高级别的茶。特征是芽头细小，白毫显露，汤色明亮。泡上的条形，给人的感觉就是高档和品位。

谷雨茶：于谷雨前采摘，主要采摘成形的一芽一叶。档次仅次于明前茶，但是茶味稍重，主要适合中档消费的人群。

春尾茶：于春天末期前采制，采摘的茶叶一般叶肥汁多，与前两种茶最大的特点为经久耐泡、好喝。价位相对比较便宜，这种茶适合大众人群。

夏茶：于夏天采制的茶，一般采摘的茶叶比较大，比较宽。冲泡味道浓厚、微苦，且耐泡。

白露茶：于白露前采摘，具有一种独特的甘醇清香味，尤受茶客喜爱。它不像夏茶那样干涩味苦，也没有春茶那样鲜嫩。

信阳毛尖级别划分较细，一般分为5级。

特级：一芽一叶初展比例占85%以上。外形紧细圆匀称，色泽嫩绿油润，细嫩多毫，香气高爽，鲜嫩持久，滋味鲜爽，汤色鲜明。叶底嫩匀，芽叶成朵，叶底柔软。

一级：一芽一叶或一芽二叶初展占85%以上。外形条索紧秀、圆、直、匀称，白毫显露，色泽翠绿，叶底匀称，芽叶成朵，叶色嫩绿而明亮。

二级：一芽一二叶为主，不少于65%。条索紧结，圆直欠匀，白毫显露，色泽翠绿，稍有嫩茎，滋味醇厚，香气鲜嫩，有板栗香，汤色绿亮。叶底绿嫩，芽叶成朵，叶底柔软。

三级：一芽二三叶，不少于65%。条索紧实光圆，直芽头显露，色泽翠绿，有少量粗条，叶底嫩欠匀，稍有嫩单张和对夹叶，滋味醇厚，香气清香，汤色明净。叶底较柔软，色嫩绿较明亮。

四级：正常芽叶占35%以上。外形条索较粗实、圆，有少量朴青，色泽青

黄，滋味醇和味正，汤色泛黄清亮，叶底嫩欠匀。

五级：正常芽叶占35%以上。条索粗松，有少量朴片，色泽黄绿，滋味平和，香气纯正，汤色黄尚亮。叶底粗老，有弹性，没有产地要求。

※ 茶饮功效

信阳毛尖茶叶中的咖啡因能刺激人体中枢神经系统，使人脑清晰，不但能解除疲劳、振奋精神、提神解乏，还能加快人体的新陈代谢、促进血液循环、增强心肾功能。信阳毛尖茶叶中还含有丰富的糖、果胶和氨基酸等成分，可以帮助人体排泄大量的热气，来保持体温稳定。特别是在夏天，饮茶不仅可以生津止渴，还能解暑降温、化解烦闷等。同时，茶叶中的叶酸能促进人体细胞生长，达到美白养颜的效果。

※ 储存

信阳毛尖茶叶的吸湿及吸味性都比较强，信阳毛尖需要在密封、干燥、避光等条件下储存。如果茶叶保存不当，就会失去信阳毛尖原有的茶香味道。适合信阳毛尖的储存方法有冰箱冷藏法、木炭储存法和暖水瓶保存法。

冲泡方法

※ 用水

用山泉水最佳（目前市面上的桶装矿泉水也可以），其次为溪水或江河水，再次是纯净水。不能用自来水，否则会浪费了信阳毛尖的好品质。

※ 选器具

透明玻璃杯若干，基本工夫茶具1套(包括茶具六件套)，电水壶1个。

※ 冲泡方式

冲泡特级信阳毛尖以选择上投法为宜，其他级别的信阳毛尖应采用下投法（即先投茶，后冲水）。下面以冲泡特级信阳毛尖为例，选用上投法来具体介绍。

※ 泡茶步骤

赏茶：需先将茶叶装入茶壶内，此时可将茶壶递给客人，鉴赏茶叶外观。特级信阳毛尖外形条索紧细、圆、光、直，多白毫，成细条，色泽碧绿，油润光滑。

烫杯：用壶里的热水采用回旋斟水法浸润茶杯，一则可以洁具，二则可以提高茶杯的温度。

加水：用茶壶向杯中注水，以水注到杯身的七成满为宜，注水时注意水的温度要达到90℃以上，这样才能在投茶时使水温在85℃左右。

投茶：冲泡特级信阳毛尖采用上投法，即先放水后投茶。用茶匙把茶荷中的信阳毛尖均匀拨到玻璃杯中。

冲泡：等待茶叶吸足水分，逐渐下沉慢慢展开（冲泡时间3～5分钟）。

品茶: 当一杯茶香四溢的信阳毛尖浸泡好了,就可以品尝了。信阳毛尖内质香气高鲜,滋味醇厚,带有熟板栗香,汤色鲜绿,晶莹透亮,叶底嫩绿匀整。

※ 注意事项

冲泡信阳毛尖时,需要注意以下两点。

1. 冲泡特级信阳毛尖大概的投茶量可用1∶50的比例。水温要在85℃左右,浸泡时间3～5分钟。信阳毛尖的等级越高芽越多,而冲泡的水温要越低,主要是怕把信阳毛尖的嫩芽烫坏。

2. 信阳毛尖冲泡时间不宜太长,时间太长味道反而不好。同时,记住一句信阳话:"好茶多放,次茶少放。"因为等级高的信阳毛尖芽头多且嫩,如果茶叶放少了香醇味不够,而等级低的信阳毛尖因为叶多芽少,如果放多了茶叶味道太苦,影响口感。

茶疗秘方

※ 清热强胃甘草红枣茶

配方： 甘草5～10克，大枣30克，信阳毛尖茶3～5克。

做法： 先把甘草和大枣分别洗干净，再将其分别放入锅中，加水500毫升，煮沸5～10分钟熄火，然后加入信阳毛尖茶。浸泡5分钟后，用滤网过滤倒入杯中，即可饮用。

用法： 每日1～2剂，时间不限，分3～4次温服。

功效： 甘草具有清热解毒、健脾和胃、补中益气、润肺止咳等功效。大枣具有养颜润色、补血益气、健脑提神等作用。甘草、大枣与信阳毛尖茶搭配饮用，具有健脑提神、补血益气、清热解毒、健脾健胃、消炎止痛等作用，对体弱多病、气血不足、风热感冒有很好的医疗效果。此茶疗也属于纯天然的保健饮用佳品。

※ 润肠活血桃仁丹参茶

配方： 桃仁10克，丹参9克，信阳毛尖茶3克。

做法： 先把信阳毛尖茶放入杯中备用，再把丹参碾碎制成粗末放入茶杯备用。然后把桃仁洗干净，放入锅中加入200毫升的清水煎煮。待锅中水剩余150毫升时，熄火。最后将汤液冲泡信阳毛尖茶叶和丹参粗末，加盖焖泡8～10分钟后即可饮用。

用法： 每日1剂，饮用时间不限。

功效： 桃仁性甘平、味苦，入肺、肝、大肠经，具有破血行瘀、润燥滑、活血化瘀和润肠通便的作用，常用于闭经、痛经、跌仆损伤。肠燥便秘等症。丹参具有活血化瘀、止痛除烦等作用，可用于心绞痛、高血压等患者。桃仁、丹参与信阳毛尖搭配饮用，具有活血化瘀、润肠通便、止痛除烦等作用，本茶是防治心绞痛、高血脂、便秘等较为理想的茶疗秘方。

※ 化瘀理气玫瑰茶

配方： 干玫瑰花10克，枸杞3～5克，益母草4克，信阳毛尖茶6克。

做法： 将干玫瑰花同信阳毛尖茶一起放在大杯中，用开水冲泡，加盖焖泡5分钟后，滤出茶水，即可饮用。

用法： 每日1～2次，时间不限。

功效： 玫瑰花有助于女性滋

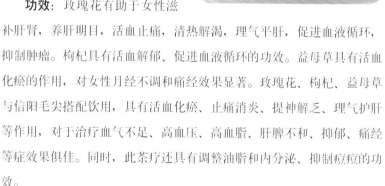

补肝肾，养肝明目，活血止痛，清热解渴，理气平肝，促进血液循环，抑制肿瘤。枸杞具有活血解郁、促进血液循环的功效。益母草具有活血化瘀的作用，对女性月经不调和痛经效果显著。玫瑰花、枸杞、益母草与信阳毛尖搭配饮用，具有活血化瘀、止痛消炎、提神解乏、理气护肝等作用，对于治疗血气不足、高血压、高血脂、肝脾不和、抑郁、痛经等症效果俱佳。同时，此茶疗还具有调整油脂和内分泌、抑制痘痘的功效。

※ 强体抗癌白牡丹茶

配方： 白牡丹3～4克，信阳毛尖茶3克。

做法： 将白牡丹和信阳毛尖茶分别放入茶杯中，用开水冲泡5～10分钟后，即可饮用。

用法：每日3～4次，时间不限。

功效：白牡丹具有解暑降温、软化血管、健脑明目、消炎解毒、防辐射等功效。白牡丹与信阳毛尖茶搭配饮用，具有消炎、健脑提神、强健体魄、抗癌、防辐射等作用，不管老年、少年、血脂偏高还是体形肥胖者都可以将此茶饮作为保健饮料饮用。

※ 助眠养肝酸枣仁茶

配方：干山楂片3～6克，酸枣仁5克，信阳毛尖茶3～5克。

做法：先将酸枣仁、干山楂片、信阳毛尖茶一起放入茶包中，把袋口扎紧，然后放入较大的茶杯中，冲入500毫升的白开水，最后加盖焖泡约10分钟，即可开盖饮用。

用法：每日1～2次，饮用时间不限。

功效：酸枣仁具有宁心安神、解乏益智、敛汗生津、镇静助眠的功效，对因熬夜导致的虚烦不眠极有帮助。山楂具有消食健胃、活血的作用。酸枣仁、干山楂与信阳毛尖茶搭配饮用，可以起到镇静情绪、安神助眠、养肝降脂的作用。此茶疗秘方适用于心神不宁、暴饮暴食、虚烦失眠、焦虑心悸、头晕健忘或多梦易醒的人群。

※ 迷迭香茶

配方：迷迭香5克，信阳毛尖茶3克。

做法：先把迷迭香过一下凉开水，清洗一下，再把它和信阳毛尖分别放入茶杯中，用约100℃的开水冲泡，待5～10分钟后，即可品尝。

用法：每日饮用1次，时间不限。

功效：迷迭香具有消除胃气胀、增强记忆力、防脱发、提神醒脑、减轻头痛症状等作用，对需要大量记忆的学生不妨多饮用一些，同时此茶也是从事大量脑力劳动者不错的选择。

※ 美容瘦身苦丁茶

配方：苦丁3～5克，信阳毛尖茶3克。

做法：先将苦丁与信阳毛尖一起放入杯中，用开水冲泡，加盖焖泡5～10分钟，即可饮用。

用法：每日饮用2～3次，时间不限，以饭后饮用效果为佳。

功效：苦丁茶味苦、微甘，性寒，入肝、胆、胃三经，具有清热消暑、清头目、除烦渴、止泻、明目益智、生津止渴、抗衰老、活血脉等多种功效，素有"保健茶""美容茶""减肥茶""益寿茶"等美誉。苦丁与信阳毛尖茶搭配饮用，具有抑菌、降血压、降血脂、增加心肌供血、抗动脉硬化等作用。此茶疗被称为"绿色黄金"，可用于经常上火、口干、便秘者，以及患有高血压、高血脂、高血糖、慢性胆囊炎和泌尿系统炎症的人。

信阳毛尖的文化底蕴

※ 毛尖的传说

很久以前，河南信阳根本没有茶树，更别说茶园了，当时乡亲们处于官僚和地主的统治中，在他们的欺压下，乡亲们整天饥肠辘辘。在这种受冻挨饿的情况下，很多人都得了一种怪病，人们尝试服用各种中草药都不见效果，后来人们称此瘟病为"疲劳痧"。随着时间推移，瘟病越来越凶，好多地方，整个村子的人全部都死了。

有一个叫春姑的姑娘看在眼里，急在心里。她为人善良，为了能给村里乡亲们治疗瘟病。每天奔波劳累，四处寻求妙方。一天，她遇到了一位采药老人，这位白发苍苍的老人告诉她，往西南方向趟过九十九条小溪，翻过九十九座大山，有一棵神奇的宝树，据说可以治百病。这位善良的春姑按照老人的要求趟过九十九条小溪，爬过九十九座大山，可是还没找到那棵宝树。春姑在途中经过九九八十一天时，早已累得筋疲力尽，并且也染上了可怕的瘟病，昏倒在一条小溪边。这时，泉水中漂来一片树叶，恰好飘到春姑的嘴边，春姑无意中一张嘴便把树叶咽了下去。万万没想到的是，春姑自从咽下了树叶后，身体顿觉神清气爽，浑身起劲儿，眼睛里突然闪现出那棵宝树。兴奋的春姑，已顾不上自己身体的虚弱，便顺着泉水向上寻找，果然在一个山缝中找到了那棵宝树。于是春姑便摘下一粒金灿灿的种子和许多树叶，准备带回村里，治疗乡亲们的瘟病。

看管茶树的神农告诉春姑说："摘下的种子必须在10天之内种进泥土，否则会前功尽弃。"春姑从家乡来到这里用了九九八十一天的时间，想到10天之内赶不回去，春姑难过得哭了。神农老人见此情景笑笑说："没事，小姑娘我有办法。"只见神农老人拿出神鞭抽了两下春姑，春姑马上就化成一只伶俐的画眉鸟，口衔着种子很快地飞回了家乡。树籽种下，见到嫩绿的树苗从泥土中探出头来，画眉鸟高兴地笑了。而此时的春姑心血和力气已全部耗尽，春姑便在茶树旁化成了一块似鸟非鸟的石头。不久茶树突发嫩芽，山上也飞出了一群群的小画眉，用它们尖尖的嘴巴衔着一片片茶芽，放进得了瘟病病人的嘴里。病人得到治疗，村里的瘟疫逐渐消失了。从此以后，山村里种植茶树的人越来越多，信阳遍地都是茶园和茶山。经过时代变迁，流传的茶树就是今天所说的信阳毛尖。

※ 毛尖茶文化景观

车云山是河南信阳最具特色的旅游、观光和休闲娱乐的胜地。车

云山村地处信阳市西北部，距信阳市区大约有28千米。隶属于信阳市河区董家河乡山。古时候车云山村被称为"仰天窝"，这里风景秀美，山势险峻，层峦叠翠。平均海拔在647米以上，其中主峰千佛塔海拔高达710米。特别是雨后的车云山景色更是迷人，群山若隐若现，林木葱郁，清泉长流，团团白云翻滚于群峰之间，其状如万马奔驰，又似车轮滚滚。车云山因此而得名。

车云山区域内可供观赏景点数不胜数，如相思桥、卧虎石、瀑布崖、千佛塔、双龙寨、望夫石、嶙峋杖、豆腐干石、鹦鹉石、擎天柱、百年木瓜树和千年银杏树等。

相传信阳车云毛尖茶治好了武则天的肠胃病，武则天为了彰显信阳毛尖茶的功效，特赐在信阳毛尖发祥地车云山上建了一座千佛塔。

※ 毛尖茶的传承

信阳悠久的制茶、种茶、饮茶历史孕育了丰富厚重的文化底蕴，形成了独具特色的信阳茶文化，成为中华茶文化的重要组成部分。

信阳毛尖于1915年在巴拿马举行的万国博览会上与贵州茅台一同获得"金质奖"，于2007年日本举行的世界绿茶大会上荣获最高"金奖"。

文化离不开载体，而信阳茶文化的最好载体就是茶文化节。自1992年起，信阳人以饮誉海内外的"信阳毛尖"为载体成功举办了信阳第17届茶文化节。每一个茶文化节，都伴随着传统的炒茶工艺表演、眼花缭乱的民间艺术、国家级甚至于国外的艺术团体的表演，通过举办这些活动，极大地丰富了信阳文化内涵。通过信阳毛尖茶文化节的举办，使得传统的炒茶工艺在众人面前再度呈现，不仅增加了人们对信阳毛尖茶文化的深厚了解，而且使得中国悠久的炒茶工艺得到了很好的展示和继承，为中国悠悠茶道掀开了新的篇章。

第九章 武夷岩茶——秀甲江南冠天下

名茶介绍

※ 茶叶历史

武夷岩茶产自福建省武夷山地区，属于中国乌龙茶中的极品。其茶品质优异，以"香久益清，味久益醇"而久负盛名。

追溯武夷山产茶的历史渊源，据《从"濮闽"向周武王贡茶谈起》一文记载，最早在商周时期，武夷山茶就随其"濮闽族"的君长，借会盟伐纣的机会，前来进献给周武王。到了西汉时期，武夷茶已开始崭露头角。

在唐代武夷茶已栽制茶叶，唐朝元和年间（806～820年），文人孙樵在《送茶与焦刑部书》中所提到的"晚甘侯"就是对武夷岩茶的美称。这是关于武夷茶别名最早的文字记载，亦是现时得知武夷岩茶最早的茶名。到了宋代，列为皇家贡品。在当时武夷茶已称雄国内茶坛，成为朝廷主要的贡茶。大文学家范仲淹通过"溪边奇茗冠天下，武夷仙人从古栽"、"北苑将期献天子，林下雄豪先斗美"的诗句来赞美武夷岩茶。

元朝时，在九曲溪之第四曲溪畔，创设了皇家焙茶局，称之为"御茶园"，从此，武夷茶大量入贡。由于武夷岩茶的名气，元朝在武夷山九曲溪之四曲设有御茶园，以水金采制贡茶，主要负责监制进贡的武夷岩茶。御茶园在明朝晚年已经荒废，现在的遗址仍建有御茶园茶楼和香、白麝香等名胜古迹。在明朝创制了乌龙茶武夷山栽种的茶树，其茶叶品种繁多，有大红袍、铁罗汉、白鸡冠和水金龟"四大名枞"，此外，还有以茶树叶形命名的，如瓜子金、金柳条、倒叶柳、金钱、竹丝等；以茶树生长环境命名的，如不见天、金锁匙等；以茶树形状命名的，如凤尾草、玉麒麟、醉海棠、醉洞宾、钓金龟、一枝香等；以成茶香型命名的，如肉桂、石乳；以茶树发芽早迟命名的，如迎春柳、不知春等。

17世纪，武夷茶开始外销其他国家。1607年，武夷茶由荷兰、印度东部等地首次采购，经爪哇转销欧洲各地。出乎意料的是，几十年后，武夷茶竟然成为一些欧洲人日常必需的饮料，因为当时一些欧洲人基本不知道此茶的名字，只知道是从中国传入欧洲地区，所以一些欧洲人就把武夷茶称为"中国茶"，备受当地人的喜爱，曾有"百病之药"美誉。英国茶叶文献中最早出现的"Bohea"即为"武夷"的音译。当时在伦敦市场上，武夷茶的价格比浙江的珠茶还要高，成为中国茶叶价格最具影响力的霸主。

※ 产地及自然环境

武夷岩茶主要产自奇形怪状的武夷山上。武夷山素有"美景甲东南"的美誉，其地势险恶，多悬崖绝壁。茶树生长在岩缝之中，是因为茶农利用岩凹、石隙、石缝，沿边砌筑石岸种茶的缘故。武夷岩茶有"盆栽式"茶园之称。又因为岩岩有茶，茶以岩名，岩以茶显，故名岩茶。

武夷岩茶主要分为两个产区：名岩产区和丹岩产区。这里气候温和，温差较小，冬暖夏凉，温度适宜，年平均温度18～18.5℃；土壤肥沃，属于略酸性土壤，含有茶树所需要的丰富的养分；云雾弥漫，年平均相对湿度在80%左右；雨量充沛，年降雨量约2 000毫米。山峰岩壑之间，泉水潺潺，叮咚作响，有幽涧流泉。此山间景象正如沈涵《谢王适庵惠武夷茶诗》云："香含玉女峰头露，润滞珠帘洞口云"。武夷岩茶的茶园大多分布在岩壑幽涧之中，四周皆有山峦为屏

障，日照较短，没有风害。幼嫩的茶叶受到大自然的保护，长出来的芽叶具有幼嫩粗壮、叶肥汁多等特点。优越的自然条件孕育出岩茶独特的韵味。

※ 采制过程

武夷岩茶具有"三红七绿"之称，即三分红叶、七分绿叶，亦有"绿叶红镶边"的美誉。关于武夷岩茶的采摘，有诗为证："采摘金芽带露新，焙芳封裹贡枫宸，山灵解识君王重，山脉先回第一春。"就是诗人咏采摘御茶的诗篇（御茶即为武夷岩茶）。

武夷岩茶的采摘和制作的方法，兼取绿茶和红茶的制作精华，是决定武夷岩茶品质的重要条件，也是劳动人们智慧结晶的集中体现。武夷岩茶有规范性的国家标准《武夷岩茶新国家标准》（GB/T 18745—2006），标准中对武夷岩茶的产地、分类、要求、范围、试验方法、检查规则、运输、储存、标志、标签以及产品质量、采摘要求加以严格界定，其中明确显示，只有生长在福建省武夷山市，选用传统独特的加工工艺制作而成的乌龙茶才称"武夷岩茶"。它对武夷岩茶的采摘标准极为严格，对加工工艺技术要求也相当精细。2006年，武夷岩茶经国家文员会审批，将武夷岩茶制作工艺首次评为国家级非物质文化遗产。

武夷岩茶的采摘标准与红绿茶不同，它的采摘必须等到新梢伸展到"驻芽"形成后即俗称的"开面"时，方可采摘下3～4叶的茶芽，要求茶芽不可过嫩，否则做出来的成茶香味不足，味道发苦，亦不可过老，否则做出来的成茶滋味淡薄，而且香气粗劣。武夷岩茶的采摘一般做到雨天不采、带露水不采。一年之中通常采摘三次，分为春茶、夏茶和秋茶（俗称为"三春"）。其中鲜叶的采摘标准以新梢芽叶伸展，形成幼嫩成形的芽叶，驻芽后要一芽有3～4叶，或对夹叶采摘，俗称开面采。采摘时间一般掌握在开面采为宜。采摘的要求，掌心向上，以食指钩住鲜叶，用拇指指头之力，将茶叶轻轻摘断。采摘的鲜叶力求保持新鲜，尽量避免折断、热变、破伤、散叶等不利于武夷岩茶品质的变化。

如果是武夷岩茶中的武夷大红袍则一年之中只采摘一季，气候为温和时可采摘少量的冬茶。

岩别不同、品种不同，山阴和山阳以及干湿不同的茶叶，不得混为一谈，以便于以后初制工艺的形成。

※ 鉴别方法与选购

对于鉴别武夷岩茶之真伪，清代梁章钜早已提出"活、清、甘、香"的四字鉴别诀窍，除此在选购时还需要看色泽和外形。下面就从这几点来分别介绍。

鉴别方法

活：是指品尝武夷岩茶的茶汤润滑、爽口且无滞涩感，倍感喉韵清冽。

清：是指武夷岩茶叶底清纯不杂，轻快舒适，清丽明亮。伪品茶色比较暗，无光泽。

甘：是指武夷岩茶品尝后，茶香鲜爽可口，在舌尖回甘时间短而快捷，清爽甘润。伪造茶品饮后，舌尖微感涩。

香：是指品尝武夷岩茶后，口含茶汤有芬芳馥郁之气，随后茶香冲鼻而出，饮后有齿颊留芳之感。优质茶应在饭前饮茶，饭后尚感留有余香。香气带花、果香型，锐则浓长或清则幽远，或似水蜜桃香、兰花香。正品武夷岩茶可以连续冲泡9次仍有"岩韵"，而伪品不但夹有杂香，而且一般三泡以后就无味了。

浓：是指品尝武夷岩茶后，口中和舌尖倍感浓而厚醇，无明显苦涩感。而且嚼茶如口中有物，茶底厚薄，吸之有骨，茶味持久不变，真所谓"舌本常留甘尽日"之感。有浓郁的岩骨花香的"岩韵"味，而伪品茶带有苦涩味，更没有"岩韵"味。

色泽：色泽乌褐或带墨绿，或带青褐，或带沙绿，或带宝色。叶绿红镶边，形态艳丽；深橙黄亮，汤色如玛瑙，或汤色橙黄至金黄、清澈明亮。

外形：外形弯条形，条索紧结，或细紧，或壮结。

选购

选购武夷岩茶要结合自己的需要，从茶叶的干燥程度、色泽、味道、茶汤等方面进行辨别。武夷岩茶种类繁而杂，等级较为繁多，选购时需要仔细辨别其茶叶的品种和级别。不同品种的茶有其独特的特性，而不同等级的武夷岩茶茶叶的品质有明显的区别。

如有水味，即白开水的味道，则说明茶叶焙火未到位，水分存在于茶叶之中而产生的；如有青味，即青草味，则说明茶叶发酵不到位；如有焦味，即类似于炒豆子的味道，则说明茶叶在杀青过程中，茶叶炒焦了；如有反青味，则说明茶叶保存过程中受潮。有以上味道的武夷岩茶，建议大家不要购买。

※ 炒法

武夷岩茶的炒制工艺极其细致，大致分为萎凋、摇青、炒青、揉捻和烘焙的5道工艺。

萎凋：对岩茶香味的形成是否有醇厚的味道关系极大。将采摘的鲜叶萎凋主要是通过晒青和晾青两种方式。分日光萎凋和室内萎凋两种。日光萎凋又称晒青，目的是将鲜叶散发部分水分，达到适宜的发酵程度；而室内萎凋又称晾青，目的是让鲜叶在室内自然萎凋，也是乌龙茶萎凋中常用的一种方法。

摇青： 是形成武夷岩茶"绿叶红镶边"特有的工艺，也是形成武夷岩茶特有品质和风格的主要步骤。将萎凋后的茶叶经过4～5次不等的摇青过程，使萎凋后的鲜叶发生一系列的生物化学变化，将武夷岩茶特有的岩韵展现出来。此过程技术含量极高，也是鲜叶继续萎凋和发酵的过程。

炒青： 是在鲜叶已失去部分水分和茶叶内质发生极大变化的条件下进行的。主要是通过破坏茶中的茶酵素，来防止叶子继续变红，使茶中的青味退去，便于茶香浮现。炒青时锅温开始要高，先用团炒法，中间酌情用吊炒法，最后以翻炒法结束。

揉捻： 属于岩茶的造型步骤，茶叶起锅后要趁热进行揉捻，将茶叶

制成球形或条索形。茶汁部分外溢时开始投入锅中复炒，并使已外溢的茶汁中之糖类、蛋白质、脂类等直接与高温锅接触，茶汁经轻度焦化而形成岩茶特有的韵味。

烘焙： 即干燥，去除多余水分和苦涩味，烘焙至茶梗手折断脆，可以闻到茶叶的气味清纯，茶香高醇时整个烘焙工艺结束。最后趁热装箱。

※ 级别品种

武夷岩茶品目繁多，其中山北慧苑岩便有名丛800多种。武夷岩茶最有名的要数大红袍、铁罗汉、万年青、肉桂、不知春、白牡丹、水金龟、白鸡冠、四季春等，而其中最负盛名的当数大红袍。大红袍品质最优，属于武夷岩茶中的极品。在古代武夷岩茶主要以大红袍、白鸡冠、铁罗汉、水金龟等四大名枞而著名。

按照国家地理标志产品武夷岩茶国家标准，武夷岩茶有如下几类。

大红袍系列：是名枞系列的一种，因为其知名度最高，所以将它单独列出一个系列。

水仙系列：属于武夷山传统的茶叶品种，其中老枞水仙属于武夷岩茶的当家品种之一。

奇种系列：武夷山野生茶叶树种，正因为它没有名，所以称之为"奇种"。

肉桂系列：武夷山传统茶叶品种，肉桂也属于武夷岩茶的当家品种之一。

名枞系列：是从"菜茶"品种中经过长期选育而成，其品质优异，具有典型的岩茶岩韵特征。其中典型的有十大名枞，分别为大红袍、铁罗汉、白鸡冠、水金龟、金桂、金锁匙、北斗、白瑞香、半天妖和白牡丹。

武夷岩茶按等级分为四大类：正岩茶、半岩茶、洲茶、外山茶。其中以正岩茶品质最优。正岩茶指武夷岩中心地带所产的茶叶，其品质优异，香高味醇，岩韵特显。

半岩茶指武夷山边缘地带所产的茶叶，其岩韵略逊于正岩茶。

洲茶泛指靠武夷岩两岸所产的茶叶，其茶品质又低于半岩茶。

历代对岩茶的分类严格，品种花色数以百计，茶名繁多。最为突出的是采自正岩的称为"奇种"，而采自偏岩的称"名种"。在正岩中选择部分优良茶树单株采制的，其品质在奇种之上的称为"单丛"。

※ 茶饮功效

武夷岩茶的茶叶中含有茶多酚，能帮助清除体内生物自由基，减少人体的衰老。其中的茶崔N-甲基-N-硝基-N亚硝基脉对诱发肠道的恶性肿瘤有抑制作用，能防止癌变。除此之外，武夷岩茶还具有止渴、清凉解毒、消减疲劳、醒酒、抗辐射、防止眼疾等众多功效。

※ 储存

储存不同茶叶要先看它的炒制工艺，不同炒法的茶叶的储存方法是不同的。武夷岩茶属于重烘焙的茶叶，一般重焙火茶储存时先把茶叶的水分烘焙干一点，利用炒后的余热使茶叶久放不变质。如要让茶叶回稳消其火味，瓦坛或陶罐都是很好的选择。茶叶罐应放在阴凉通风、干燥、避免阳光直射的地方，不要同有异味的储存柜或是跟有气味的东西一起储放，避免吸入异味。家庭储存比较适合选用铁罐和冰箱储存。

冲泡方法

※ 用水

冲泡武夷岩茶最好选用上等的山泉水，冲泡后的效果最佳，泉水的清冽能将武夷岩茶的甘甜展现得淋漓尽致，如果没有山泉水，也可以选

用经过人工处理的纯净的自来水。

※ 选器具

紫砂壶1个，杯子4个，电水壶1个，基本工夫茶具1套（其中包括竹节茶道六件套，茶海1个和存茶罐1个）。

※ 冲泡方式

武夷岩茶属"绿叶红镶边"的半发酵茶，冲泡后的武夷岩茶既有绿茶的醇鲜甘爽味，又有红茶的强劲浓味，属于乌龙茶中的极品。武夷岩茶特点是甘、清、香、色一应俱全，其色泽绿褐鲜润，茶汤呈深橙黄色，茶性温和而不寒。冲泡五六次后，茶叶的余韵犹存，最适宜泡工夫茶。以选用下投法来冲泡为宜。

※ 冲泡步骤

烧水：泡茶用山溪泉水为上，用活火煮到初沸为宜。用电水壶先将泡茶用水烧开备用。

温壶、温杯：用约100℃的开水冲淋紫砂壶和茶杯，使其受热均匀，也可达到洁具的作用。

投茶：将大约10克的武夷岩茶用茶匙投放到紫砂壶内。

洗茶：洗茶讲究一个快字，把盛100℃左右开水的长嘴壶提高冲水（高冲可使茶叶翻动），当茶水没过茶叶即可停止，使茶香唤醒。

泡茶：将洗茶水倒去，后用95℃左右的沸水倒入茶壶中(注意高冲低倒)，泡制4～5分钟。将茶壶中的茶水倒入茶杯中，这时一杯可口的武夷岩茶就泡好了。

品茶：待茶香味析出，就可以观茶形、闻茶香、品茶汤。在品茶的同时通过"摇香"，可以使茶叶的香味得到充分的发挥，便于武夷岩茶中大量的有机物能够充分溶解到水中。

※ 注意事项

1. 冲泡武夷岩茶，与水的比例要适宜，一般以装满紫砂壶的一半为宜，重约10克。

2. 武夷岩茶属于耐冲泡的茶叶，一般一壶可以冲泡5～6次，冲泡时间要随着冲泡次数的增加而相对延长15～20秒。第一次冲泡，时间需要1分钟左右，以后依次增加。冲泡好武夷岩茶要在3～4分钟内饮完，否则会影响茶香。

茶疗秘方

※ 止痢明目杭白菊茶

配方： 杭白菊3～4朵，武夷岩茶3～5克。

做法： 先取杭白菊和武夷岩茶分别放入两个茶杯中，然后向杯中加开水。当杯中水倒入8分满时，将盖子盖上，浸泡3～5分钟后将武夷岩茶中的茶叶过滤掉，将茶水倒入杭白菊的茶杯中，趁热饮用。

用法： 每日饮用2～3次，时间不限。

功效： 杭白菊具有止痢、降压、降脂、消炎、明目、强身的作用。杭白菊与武夷岩茶搭配饮用，可以起到降低血压、消炎杀菌、健脑明目、增强体质等作用，对于高血压、高血脂、湿热黄疸、胃痛食少、水肿尿少等症饮后效果显著。

※ 通络利水何首乌山楂茶

配方： 何首乌30克，山楂、冬瓜皮、槐角各20克，武夷岩茶6克。

做法： 将槐角、冬瓜皮、何首乌、山楂分别洗净，放入沸水锅中煮约10分钟，把锅中药渣去除，留汁备用。再把药汁倒入另外一只锅中加入少量温开水煮沸，然后放入武夷岩茶继续煮5分钟，倒入杯中即可饮用。

用法： 每日1～2剂，分2～3次温服，时间不限。

功效： 何首乌味微苦，性平，归心、肝二经，能补益精血、养发护发、强筋骨、补肝肾，具有养心安神、祛风通络的功效。冬瓜皮性甘而微寒，产于夏季，具有利水化湿、消肿等功效。槐角的药性比较平和，具有润肠通便、凉血、减肥的作用。山楂具有消食、健胃、益脾等作用。何首乌、冬瓜皮、槐角、山楂与武夷岩茶搭配饮用，可以起到补气养血、祛风通络、润肠通便、利水化湿等作用，对于治疗气血不足、头发稀疏、消化不良、水肿等症具有很好的功效。

※ 祛脂强魄绞股蓝茶

配方：绞股蓝5～6克，武夷岩茶3～5克。

做法：准备大约400毫升的玻璃水杯，将绞股蓝和武夷岩茶分别放入杯中，加入85℃的开水冲泡，加盖焖泡5分钟后，将茶沫用滤网过滤后，即可饮用。

用法：初次饮用绞股蓝量要少一些，保健量为每天3～6克；治疗量为每天9克以上。每天1剂，时间不限。

功效：绞股蓝也叫"七叶胆"，其味苦、微甘、性凉，具有益气健脾、化痰止咳、清热解毒等作用。武夷岩茶与绞股蓝搭配饮用，能激活机体细胞活性，提供人体细胞所需的丰富的营养物质，又可以清除血液中的多余脂肪，从而恢复人体正常脂肪代谢功能，还可增强人体免疫力、降低血压、降低血脂

等，对高血脂、高血糖有很好的防治功效。长期饮用此款茶饮，还能防辐射、调节人体机能、抵制药物中激素对人体造成的伤害。

※ 解表活血羌防生姜茶

配方：防风5克，羌活5克，川芎3克，生姜5克，武夷岩茶6克，红糖10克。

做法：先将生姜、防风、羌活和川芎清洗干净，然后放入锅中，加入适量的清水，以500～800毫升为宜，开火，煎煮药汁备用。大约

煮沸10分钟后，再将武夷岩茶放入锅中再煮1～2分钟，最后将药汁、茶汤过滤去渣，倒入杯中温服即可。

用法： 每日1剂，分2～3次服用，饮用时间不限。

功效： 防风具有益气固表、解表祛风、胜湿止痉、提高人体免疫力等功效，适于癌症手术后免疫功能低下、体弱经常感冒者。羌活具有疏风解表、祛风湿、通经络、强筋骨的功效，适用于类风湿性关节炎、椎间盘突出、风湿病、骨质增生等患者。川芎具有活血行气、祛风止痛的作用，用于月经不调、脘腹胀痛、头痛、风湿痹痛等患者。生姜具有祛风清热、解表发汗等作用，适用于风寒感冒者。防风、生姜、羌活、川芎与武夷岩茶搭配饮用，具有祛风清热、解表发汗、活血行气、祛风止痛等作用，适用于风热感冒、风湿痹痛、月经不调、脘腹胀痛、体弱多病的患者。

※ 防辐射何首乌松针茶

配方： 首乌18克，松针（花更佳）30克，武夷岩茶5克。

做法： 先将首乌、松针或松花用清水煎沸20分钟左右去渣，以沸烫药汁冲泡乌龙茶5分钟即可。

用法： 每日1剂，饮用时间不限。

功效： 何首乌具有解毒消肿、润肠通便等作用，用于风疹瘙痒、肠燥便秘和高血脂等患者。松针有抗菌消炎、防辐射等作用，用于放射化疗后的体弱患者。何首乌、松针与武夷岩茶搭配饮用，具有补精益血、扶正祛邪等作用。放疗、化疗后白细胞减少和肝肾亏虚的患者，以及从事化学性、核技术、放射性、农药制造及矿下作业等人员，较适宜饮用此茶。

※ 养心益精五味子茶

配方： 五味子3～5克，武夷岩茶3～5克。

做法： 将五味子洗净，用开水略烫，立刻捞出，放入茶杯中。再将武夷岩茶放入五味子的茶杯中，用开水冲泡5分钟后，用滤网将茶和五味子过滤，加入冰糖即可饮用。

用法：每日饮用2～3次，饮用时间不限。

功效：五味子具有补肾益精、养心安神等作用，可用于治疗心肾气虚、遗尿、失眠、心悸、健忘、遗精、早泄等。五味子与武夷岩茶搭配饮用，具有提神醒

脑、延缓衰老、健胃消食、降脂、降压、壮阳、解毒、瘦身等作用。肾虚、失眠健忘、久咳、久痢、久泻、遗精、便血等患者，长期饮用效果较佳。

※ 益气壮阳鹿茸茶

配方：鹿茸片3克，武夷岩茶3克。

做法：将鹿茸片和武夷岩茶一起放入茶杯中，选用开水冲泡，加盖焖泡5分钟后，即可开盖温服。

用法：每日1剂，饮用时间不限。每杯可冲泡3～5次。

功效：鹿茸具有温肾壮阳、补精益气等作用，可用于治疗阳虚肝冷、阳痿。鹿茸与武夷岩茶搭配饮用，具有提神益智、补气益精、活血通络等作用，对于肾亏体虚、阳痿早泄等人群效果显著。同时此款茶饮还是健康养生、补气养颜的最佳选择。

武夷岩茶的文化底蕴

※ 武夷岩茶的传说

武夷岩茶中的珍品以大红袍最为显赫，而大红袍有一个广为流传的传说。

古时，有一穷秀才进京赶考，在去往京城的路上，身体不适，经过武夷山时，突然病倒在地。值得庆幸的是，被路过此地的天心庙老方丈看见，于是将他带回寺院，泡了一碗茶给他喝。没过多久，病就好了，这位秀才答谢老方丈后，急忙进京赶考去了。

后来秀才居然金榜题名，中了状元，而且被招为东床驸马。一年后的一个春日，状元来到武夷山再次谢恩大心庙的老方丈。在老方丈的陪同下来到九龙窠，只见峭壁上长着3株高大的茶树，茶香扑鼻，枝叶繁茂，吐着一簇簇嫩芽。茶树在阳光的照射下，闪着紫红色的光泽，煞是可爱。老方丈说，去年你犯鼓胀病（现今的肝病），幸亏这棵茶树，你的病就是用这种茶叶泡茶治好的。状元得知后惊讶万分。老方丈便跟状元讲，很早以前，每逢茶树发芽时，百姓们就鸣鼓召集群猴，猴子穿上红衣裤，然后爬上绝壁采下茶叶，带给人们，人们经过炒制最后收藏起来。此茶冲水喝，可以治百病。

状元听后要求采制一盒进贡皇上。第二天，庙内击鼓鸣钟，烧香点烛，招来大小和尚，向九龙窠采茶去。众人来到茶树下焚香礼拜，与此同时，众人齐声高喊"茶发芽！"然后采下芽叶，经过精工制作，装入锡盒。于是，状元便带着茶叶进了京，正遇皇后腹痛鼓胀，卧床不起。状元把手中的茶献给皇上，皇后服下，果然茶到病除。皇上甚喜，为表示对此茶的恩赐，便将一件大红袍赐给状元，让状元代表自己去武夷山封赏。只见一路上礼炮轰响，火烛通明。状元来到了九龙窠，命一樵夫爬上半山腰，把皇上御赐的大红袍披在茶树上，以示皇恩浩荡。

说也奇怪，等掀开大红袍时，3株茶树的芽叶在阳光照射下，竟然在大红袍的渲染之下发出了红光。从此以后，人们就将这3株茶树叫做"大红袍"了。还有人在石壁上刻了"大红袍"3个大字。大红袍不仅可以治百病，而且味道独特，茶香四溢，从此大红袍就成了年年岁岁的贡茶。

※ 岩茶文化景观

武夷岩茶产自福建省南部的武夷山上。武夷山脉北段东南麓，是我国著名的游览胜地。武夷山通常指位于福建省武夷山市西南15千米的小武夷山，称福建第一名山，属典型的丹霞地貌，素有"碧水丹山"、"奇秀甲东南"之美誉。这里景色秀丽，山河壮丽，是首批国家级重点风景名胜区之一，也是历代游人流连忘返之地。

武夷山九曲溪

武夷山九曲溪的源头位于武夷山森林茂密的西部，这里植被茂盛，水量充沛。九条溪水蜿蜒而上，水质清澈，茶树倒影在水中摇曳，勾勒出一幅壮美的山河图。其全长62.8千米，流经中部的生态保护区，蜿蜒于东部丹霞地貌，在峰峦岩壑间萦回环绕。九曲溪两岸属于典型的丹霞地貌，分布着九十九岩，所有峰岩顶斜、身陡、昂首向东，宛如万马奔

腾。而三十六奇峰，也不甘示弱，气势雄伟，千姿百态。岩缝隙中植被茂盛，优越的气候和生境，为群峰披上一层绿装，山麓峰巅、岩隙壑嶂都生长着翠绿的茶树，造就了"石头上长树"的奇景，构成一幅罕见的自然山水景观。

武夷大峡谷

　　武夷大峡谷拥有青龙大瀑布景区和大峡谷漂流两大游览胜地，其中

青龙大瀑布位于武夷山大峡谷公园西侧，这里森林茂密，泉水潺潺，水源十分丰富，而瀑布就位于深谷绝壁上。堪称"华东第一漂"的大峡谷漂流也是令游人拍手叫绝的游览之地，该溪属于九曲溪的源头之一，这里水质清洌，是武夷山最清澈、最纯净的水源。在这里你可以找到与大城市不一样的感觉，这种感觉是人们在繁忙工作和生活中所期待的另一种压力释放的需要：期待刺激！期待惊险！期待回归自然的感受！期待与自然的搏斗！期待"有惊无险"后的轻松！这是人们一直在寻找的一种区别于平凡生活的独特感受。

武夷山水帘洞

　　武夷山水帘洞位于章堂涧之北。水帘洞属于武夷山著名的七十二洞

之一。来到这里，首先映入眼帘的是一线小飞瀑从霞滨岩顶飞泻而下，此洞被称为"小水帘洞"。拾级而上，将会看到"抵水帘洞"。洞穴深藏于收敛的岩腰之内。洞口斜向大敞，洞顶危岩斜覆，洞顶凉爽遮阳。两股飞泉自百余米的斜覆岩顶倾泻而下，宛若两条游龙喷射龙涎，飘洒山间万物，又像两道断了线的珠帘，自长空垂向人间，因此水帘洞又被称为"珠帘洞"。

※ 武夷岩茶的传承

　　绚丽多彩的华夏文明融合在武夷茶的茶香清泉之中，饮茶风尚在中国演变为一种品茗的艺术程序，武夷岩茶的茶艺便是其中之一。通过武夷岩茶茶艺表演者那种出神入化的冲泡技艺，彰显东方文化的深厚意蕴，

同时也创造了一种新的生活文化的艺术氛围。

自1990年以来，共举办了6届"武夷岩茶节"、3届"无我茶会"、4次"茶王赛"，持续扩大了武夷岩茶的影响。武夷茶界人士及有关领导还多次到日本、朝鲜及我国台湾、香港等国家和地区交流茶文化。在2002年一次广州的拍卖会上，武夷岩茶拍卖竟达18万元(20克)，实在是令人震惊。

而如今武夷岩茶茶艺是在继承古代的煎茶、斗茶、点茶、分茶、品茶等传统品饮方式基础上的延伸和发展，并总结出一套古朴、典雅、高尚的武夷岩茶茶艺。它是中国茶道精神的表现，酿造出一种幽雅的品茗环境，能让品茗者进入一种令人神思遐想的佳境，是一种源于生活，而又高于生活的品饮艺术。

第十章 安溪铁观音——天赐茶树绕余香

名茶介绍

※ 茶叶历史

安溪境内所产之茶有铁观音、黄金桂、本山和毛蟹，具有"四大名旦"之称。其中以铁观音最为著名，被视为乌龙茶中的极品。安溪铁观音其香高韵长、醇厚甘鲜、品格超凡，不仅跻身于中国十大名茶之列，而且还是世界十大名茶之列。

安溪产茶历史悠久，自然条件得天独厚，茶叶品质优良，驰名中外。据《安溪县志》记载："安溪产茶始于唐末，兴于明清，盛于当代，距今已有一千多年的历史。"福建安溪自古就有"龙凤名区"、"闽南茶都"的美誉。安溪铁观音又称"红心观音"、"红样观音"。这些名称既是茶叶名称，又是茶树品种名称。福建安溪是中国古老的茶区，据说安溪境内生长着许多古老野生茶树，在蓝田、剑斗等地发现的野生茶树树高约7米，树冠约3.2米，据考古专家考证，这些野生茶树距今已有1000多年的树龄。

早在宋、元时期，在福建安溪境内，不论是寺观或农家均出产茶叶。据《清水岩志》载："清水高峰，出云吐雾，寺僧植茶，饱山岚之气，沐日月之精，得烟霞之霭，食之能疗百病。老寮等属人家，清香之味不及也。鬼空口有宋植二、三株其味尤香，其功益大，饮之不觉两腋风生，倘遇陆羽，将以补茶话焉"。由此可见安溪铁观音在当时已经久负盛名，成为让人们家喻户晓的名茶。

明代属于制茶的昌盛时期。明代嘉靖《安溪县志》记载道："茶，龙涓、崇信（今龙涓、西坪、芦田）出者多"、"常乐、崇善等里货卖甚多"。从唐代武夷山生产蒸青团茶，到明末罢贡茶，茶农积累历代制茶经验的精髓，创制了武夷岩茶，为清初安溪茶业的迅速发展奠定了基础。相继开发了黄金桂、本山、佛手、乌龙等大批优良茶树品种。这些

品种的发现，使得安溪茶业进入发展的鼎盛阶段，创制了"先炒后烘焙"的独特的乌龙茶炒制工艺。乌龙茶炒制工艺的诞生，标志着中国传统制茶工艺又一重大革新。安溪乌龙茶以其独特的韵味和超群的品质备受青睐。

到了清末，铁观音正式问世后，迅速在虎邱、大坪、芦田、长坑等乡镇传播开来，因其品质优异、香味独特，颇受文人墨客的喜好。这一时期，安溪乌龙茶生产技术也不断向海外广泛传播，铁观音以其品质优异而声誉日增。著名历史学家连横（连战祖父）的《剑花室诗集》，其中以"茶"为题写下22首。其中第七首曰："安溪竟说铁观音，露叶疑传紫竹林。一种清芬忘不得，参禅同证木樨心。"

新中国成立后，安溪茶业如雨后春笋般地快速发展起来，呈现出崭新的面貌，尤其是在生产了乌龙茶中的珍品——铁观音后，为安溪作为"中国茶叶之乡"的地位奠定了基础。

改革开放后，安溪人勤俭劳动，在他们不懈的努力下，安溪铁观音的茶业更是焕发出勃勃生机，成为当地茶农的主要经济来源。

※ 产地及自然环境

安溪地处群山环抱之中，位于戴云山东南坡，一直绵延到戴云山支脉，又从漳平延伸安溪县内，整个安溪地势自西北向东南倾斜。境内群山叠嶂，有独立的山峰522座，有千米以上的高山2 461座。

通常人们习惯将安溪分为内安溪和外安溪，主要是以地形差异而划分的，划分的标准是以湖头盆地西缘的五阆山到龙门跌死虎西缘为天然分界线，线以东称外安溪，线以西称内安溪。内安溪地势比较高峻，山峦陡峭，平均海拔600～700米。外安溪地势平缓而且多低山丘陵，平均海拔300～400米。安溪铁观音的主产区就位于西部的内安溪，全县茶叶总产量的80%都来自内安溪。境内包括大坪、长坑、祥华、感德、剑斗、蓝田、西坪、虎邱等十几个主要产茶乡镇。

这里植被茂盛，地势较高，峰峦叠嶂，群山环抱，云雾缭绕，雨量充沛。年平均气温15～18℃，一年中有260～324天没有霜，年平均降雨量在1 700～1 900毫米，雨水相对较多，为土壤湿度创造了条件，年相对湿度可以高达78%以上，素有"四季有花常见雨，一冬无雪却闻雷"之谚。再加上这里土质深厚肥沃，茶树根可以生长达6米深，从而使茶树可以汲取更多的养料。内安溪的大部分土壤为酸性红壤，pH略呈酸性，特别适宜茶树生长。从最近几年来看，境内茶园得到很大的改造，将铁观音的生产工艺推进到一个新的台阶。

安溪地势高且险，这里是山水交融的旅游胜地，再加上迎面吹来的屡屡茶香，真是沁人心脾。俗话说好山出好茶，安溪高山所产的铁观音为乌龙茶中精品中的珍品，而且安溪铁观音在国际市场上也是名声显赫，不容置疑。安溪人拥有一片出产好茶的青山绿水，人们将茶的品味和观赏贯穿于日常生活的每个角落。茶香四溢的"铁观音"，让安溪人"斗"起茶来更是底气十足。

※ 采制过程

安溪铁观音一年分四季采摘，一般每年4月中下旬到5月上旬采摘春茶，于6月中下旬到7月上旬采摘夏茶，于8月上旬到8月下旬采摘暑茶，于9月下旬到10月上旬采摘秋茶，其中以春茶和秋茶品质最优，各季茶的间隔期为40～45天。以每茶季中晴天下午2～5点采摘为上；以每季节阴天，上午9～12点采摘为中；以每季节雨天，上午9点以前采摘为下。

安溪铁观音鲜叶的采摘标准必须在茶树的内梢形成驻芽后，采摘顶尖的刚初展的两叶到四叶，一般呈现小开面或中开面的为宜，俗称"开面采"。按照新梢伸展程度的长短，"开面采"又可分为小开面、中开面和大开面。小开面即指新梢顶部第一叶是第二叶面积的1/2；中开面即指新梢驻芽顶部的第一叶是第二叶面积的2/3；而大开面即指新梢驻芽顶部第一叶与第二叶面积相当。一般春秋茶以采摘顶叶展开，出现的驻芽，采摘一芽二三叶。而夏暑茶以新梢驻芽形成"小开面"时开始采摘，适当嫩采。对于茶树茂盛，持嫩性较强的丰产的茶园来说，则采摘新梢形成后的一芽三四叶。无论哪个季节采摘原则上都要求按标准、及时、分批、留叶采。

安溪铁观音的采摘方法采用"定高平面采摘法"。根据茶树的生长高度不同，确定一定高度的采摘纵面，以此为节点，把纵面上的茶芽全部采摘，而把纵面下的茶芽全部留下。采用这种纵面采摘的好处为：不仅可以充分利用光能，提高茶芽的萌芽率，而且可以使芽头生长平衡，促进增产提质。下一季采摘则在此采摘面的基础上适当提高。铁观音的采摘可以分为手工采摘和机械采摘两种，一般手工采摘效率比较低，而机械采摘比手工采摘工效要提高4～13倍，从而使采茶的成本降低，机械采摘的鲜叶质量基本也可以达到人工采摘标准。安溪铁观音鲜叶采摘后，置于阴凉干净处，及时收青，防止风吹日晒，叶温升高，保持新鲜度。

※ 鉴别方法与选购

安溪铁观音滋味醇厚甘甜，色泽油润砂绿，带有天然的兰花香，令人回味无穷，有独特的"观音韵"。鉴别和选购安溪铁观音可以从下面几点进行。

鉴别方法

观茶形：条索卷曲，肥壮，沉重。圆整呈蜻蜓头，枝心硬，色泽乌黑油润，砂绿明显（新工艺中，红镶边大多已经去除）。枝头皮整齐，叶大部分向叶背卷曲，叶表带白霜。

变茶色：上等安溪铁观音汤色金黄，浓艳清澈，后叶底肥厚明亮（铁观音茶叶特征之一叶背外曲），具绸面光泽。而汤色暗红者次之。

闻茶香：精品安溪铁观音有"七泡有余香"的美誉，茶汤香味鲜溢，带有纯天然的馥郁的兰花香。启盖端杯轻闻，独特香气即芬芳扑鼻，且馥郁持久，回味无穷。如饮此茶，会令人心醉神怡，满室生香。

听茶声：精品安溪铁观音比一般茶叶的茶条要紧结、肥壮，叶身沉重，将少量茶叶放入茶壶，即可听到"当当"的声响，其声清脆为上品铁观音，声哑者为次品铁观音。

品茶韵：古人有"未尝甘露味，先闻圣妙香"的说法。小品一口安溪铁观音，舌根轻转，慢慢品茗，可感茶汤醇厚甘鲜，如嚼之有物；缓慢下咽，回甘带蜜，韵味无穷。至于独特的"观音韵"至今无人能解，只得留给后人品茗。

选购

选购安溪铁观音时，首先要结合自己的需要，如用途、喜好、经济实力等，再结合下面4种方法进行辨别。

一摸：通过用手捻茶叶，判断其干燥程度。任意找一片干茶，放在拇指和食指指尖用力一捻，如果马上成粉末，则干燥程度足够；如果是小碎粒，则干燥程度不足，或者茶叶已经吸潮。干燥度不足的茶叶较难储存，香气也不高。

二看：看干茶是否符合铁观音茶的基本特征，包括外形、色泽、匀净度等。

三嗅：闻一闻干茶的香气高低和香型，辨别是否有烟、焦、霉、酸、馊等劣质气味和其他夹杂气味。

四尝：当干茶的含水量、外形、色泽、香气等均符合要求后，取3～4克铁观音茶放在杯中或碗中，冲入150～200毫升沸水，5分钟后嗅其香气，再看汤色，细品滋味。

另外，还要说一说安溪铁观音的新茶与陈茶的区别。新茶色乌泽润，陈茶色泽灰暗；新茶清香，陈茶低浊；新茶滋味鲜爽醇美，陈茶淡

而无味。

春茶与夏秋铁观音也有区别。特级春茶外形壮实紧结，绿油润，汤色嫩绿明亮、清香，口感清爽，叶底嫩绿。秋茶铁观音汤色暗红，口感浓郁，香气高，余味久。

※ 炒法

安溪铁观音的炒制工艺介于红茶与绿茶加工工艺之间，综合了红茶发酵的工艺和绿茶不发酵的工艺，属于半发酵的品种，成为乌龙茶中的极品。安溪铁观音的炒制工艺比较繁多，步骤也较为烦琐，一般采用以下6种加工工艺。

晒青：日光萎凋也简称退青，退青也就是将采回的茶青分散摊在阳光下晾晒，使茶叶本身的水分发散，太阳不可太大。

晾青：茶叶经过日光萎凋完成，就必须移至屋内静置，隔一段时间翻动搅拌，好让水分继续发散，使茶叶含有高香成分易于挥发出来。

做青：做青属于乌龙茶特有的制作工艺，可以分为摇青和摊放两个过程。其中摇青是制作安溪铁观音最重要的工序，也是茶香形成最主要的工艺。通过摇笼旋转，使叶片之间产生碰撞和擦伤，从而使芽叶内部

酶得到激活和分解，进而促使茶叶内独特的香气得到释放。以前茶叶的摇青都是通过人工手摇，比较费时费力，而现代铁观音的制法都用摇青机操作，目前铁观音做法是摇3次或4次。茶叶摇青后要进行摊放，将茶堆置起来形成温暖、更适合发酵的状态，以便于茶青的显现。

杀青：就是以高温破坏茶中酵素作用，使茶叶终止发酵。采用炒青机将茶叶炒青，直到茶叶的青味消失，茶香浮现，当用手大力搓揉茶青不再出水为止。

揉捻：将杀青后的茶裹在布包里，用机械和手工挤压搓揉后解开布包，再把茶放入锅中文火慢烤，重复进行25次，整个炒制工序才算完成。

挑拣：将茶叶中的残留水分烘干后，还要进行放入簸箕中挑拣、筛分，以便去除茶末。重新拼配调整口味，即可包装销售了。

※ 级别品种

根据加工工艺的不同，安溪铁观音可以分为清香型和浓香型两种。清香型安溪铁观音就是市场上常见的清汤绿水型，味道清香鲜爽，带有兰花香，一般分为4个等级，即特级、一级、二级、三级。而浓香型铁观音茶香味比较浓郁，香气带有焦糖香、果香等，口感类似岩茶。干茶的色泽呈现暗黄，一般分为5个分级，即特级、一级、二级、三级和低档5个级别。

清香型

特级：外形肥壮、条索、圆结、重实；翠绿润，砂绿明显，匀整洁净；香气高香、持久；滋味鲜醇高爽，余韵明显；汤色金黄明亮，叶底肥厚软亮，匀整，余香悠长。

一级：外形壮实紧结，绿油润，匀整净；砂绿明；清香持久；滋味清醇甘鲜、音韵明显；汤色金黄明亮，叶底软亮，尚匀整，有余香。

二级：外形曲卷结实，翠油润，尚匀整；有砂绿，稍有嫩梗；滋味尚鲜醇爽口，音韵尚明；汤色金黄，清香持久，叶底尚软亮，稍有余香。

三级：外形曲卷尚结实，乌绿稍带黄，尚匀整；稍有细嫩梗；滋味醇和回甘，音韵稍差；汤色金黄，香气清，叶底尚软亮，尚匀整。

浓香型

特级：属于高档铁观音，有观音王之称。条形肥壮匀整重实，色泽暗黄，砂绿乌润，叶底肥厚，软亮，红边嘴，有余香，汤色金黄透亮，滋味鲜爽，茶韵芬芳，有兰花香、水蜜桃味、青酸型等多种品味。

一级：属于中高档铁观音，条形肥壮，色泽暗黄，匀整结实，砂绿乌润，叶底尚软亮，有红边，稍有余香，汤色金黄清澈，香气清高，茶韵鲜明，甘醇爽口。

二级：属于中高档铁观音，条形紧结重实，色泽砂绿油润，香气清雅，回甘生津，叶底稍软亮，略匀整，汤色金黄，口味独特。

三级：属于中低档铁观音，条形结实，汤色橙黄，叶底稍匀整，带褐红色，

色泽褐绿色，香气清醇。

低档： 属于档次最低的铁观音，适用于普通消费者，如普通茶馆等。条形粗松卷曲，色泽暗绿带褐，叶底欠匀整，有粗叶及红叶，滋味清香宜人，汤色深黄橙红。

※ 茶饮功效与价值

安溪铁观音的保健功能在茶叶中属佼佼者。它含有丰富的无机物和有机物，而且茶叶中的无机矿物质元素也较为丰富，包括磷、氟、铝、钙、钠、钾、硫、镁、锰、铁、铜、锌和硒等多种。含有的有机物主要包括氨基酸、生物碱、蛋白质、茶多酚、有机酸和碳水化合物等物质，现代医学研究表明，铁观音除具有一般茶叶的保健功能外，还具有消脂健美、抗衰老、抗癌症、抗动脉硬化、防治糖尿病、保护牙齿、清热降火、敌烟醒酒等功效。

※ 储存

安溪铁观音的储存，一般都要求密封、真空、防潮、防压、无异味等条件。这样，在短时间内可以将安溪铁观音的色、香、味、形保存得完好如初。具体可以采用茶叶罐储存法、冰箱储存法和石灰干燥剂储存方法。

冲泡方法

※ 用水

冲泡安溪铁观音的水以山泉为佳，桶装的山泉水或纯净水亦可。

※ 选器具

基本工夫茶具1套（其中包括竹节茶道六件套、茶海1个和存茶罐1个），电水壶1个，盖碗（茶瓯）、品茗杯若干。

※ 冲泡方式

安溪铁观音茶的泡饮方法别具一格，自成一家。必须严把用水、茶具、冲泡三道关。谈到安溪铁观音的冲泡方法，历史上有"观音入宫"的传说，即采用下投法冲泡安溪铁观音。

※ 冲泡步骤

洗杯：先烧开水备用，用开水将盖碗、品茗杯等茶具冲洗干净，此过程不仅可以冲洗茶具，而且还有温杯的效果。

置茶：用茶匙取出适量的铁观音茶叶放入盖碗中，茶叶不要过多也不宜过少，一般为茶碗的一半左右为宜。

洗茶：将烧开的开水倒入盖碗中，对茶叶进行冲烫，此过程被人们习惯称为"洗茶"。通过洗茶可以把茶叶中的杂质去除，洗茶讲究一个"快"字，时间不用很长，一般两三秒时间就可以，随后把洗茶水倒掉。

冲泡： 再次选用100℃的沸水向盖碗中茶叶进行冲泡，要求冲水量一般在盖碗的九分处就可以了，不宜太满。

出茶： 将泡好的茶水倒入公道杯中，为了防止茶渣落入公道杯中，一般要将滤网放在公道杯口，然后再倒茶。

分茶： 先把滤网取走，再将泡好的公道杯中的茶水分入各个品茗杯中，一般分到品茗杯七分处为宜。俗话说"七分茶十分酒"以表示对客人的尊重。

品茶： 这时一杯浓香四溢的铁观音茶汤就泡好了，可以开始品茗杯中的茶水，观茶色形，品茶味，闻茶香。

结束： 喝完茶后将茶具冲洗干净，用毛巾擦拭干净。

※ 注意事项

1. 冲泡铁观音的茶具最好选用紫砂茶具，这样泡出来的茶更加有味道。

2. 洗杯时，最好用茶夹子，并做到里外皆洗。一般洗茶的水温度较高，不要用手直接接触茶具，以免烫伤。

3. 把铁观音放入茶具，投茶量约占茶具容量的1/5，投茶量要适宜，不能过多，也不宜过少。忌饭后马上饮用大量的铁观音茶，因为茶中的鞣酸会影响消化。

4. 沸水泡茶，第一泡一定要洗茶（铁观音属于半发酵茶，只有沸水才能泡出其韵味），一般洗茶水要倒掉，不要喝。

茶疗秘方

※ 杀菌通气白萝卜茶

配方：白萝卜100克，安溪铁观音茶5克，食用盐1克。

做法：先将白萝卜洗净，切片放入锅中，加入适量的清水蒸煮6～10分钟，直到白萝卜煮烂为止。再把安溪铁观音茶叶放入茶杯中，加入开水冲泡10分钟后，滤出茶汁，最后把茶汁倒入锅中，与白萝卜混合均匀，再加入少许食用盐调味，然后倒入碗中即可饮用（白萝卜也可以吃）。

用法：每日1剂，分2～3次温服，时间不限。

功效：白萝卜味甘、辛，性平，入肺、脾二经，有清热散风、止痛消肿、通气消食、除痰润肺、解毒生津、和中止咳和利尿润便等功效。食盐具有杀菌消炎、生津止渴等作用。白萝卜、食盐与安溪铁观音搭配饮用，具有通气润肺、解毒消肿、利尿除湿、润肠通便、提神益智和防龋齿等作用，对于暑毒、痈疖肿等症具有很好的治疗功效。

※ 排毒降压菊花蜂蜜茶

配方：菊花5克，蜂蜜25克，安溪铁观音茶3克。

做法：先将菊花、安溪铁观音放入杯中，用开水冲泡5～8分钟后，加入适量的蜂蜜调适，即可饮用。

用法：每日3～4次，时间不限。

功效：菊花可以消脂、清热解毒，还能够降血压。蜂蜜具有排毒养颜、润燥止痛、健脾护肝等功效。菊花、蜂蜜与安溪铁观音搭配饮用，可以起到排毒养颜、润肠通便、降血压、降血脂等功效，主要用于清热解毒，可治疗温病发热、热毒血痢、痈肿疔疮、喉痹及多种感染性疾病。此款茶疗秘方还可以增强抵抗力，是保健养生的小秘方。

※ 清热抗寒金银花生葱茶

配方： 金银花3克，生葱头10克，安溪铁观音茶3克。

做法： 先把生葱头剥皮，清洗干净、切断，再将金银花、生葱头和安溪铁观音放入茶杯中，用开水冲泡6～8分钟后即可饮用。

用法： 每日2次，趁热饮。

功效： 金银花具有清热解毒、生津止渴、散风解表的作用，可治疗感冒。生葱头有散寒解表、清热解毒的功效，用于感冒风热、头痛畏寒等症状。金银花、生葱头与安溪铁观音茶搭配饮用，对风寒感冒的疗效明显，还可以清热降压，防治高血压引起的头晕目眩、头胀痛等症。

※ 消炎温经艾叶老姜茶

配方： 艾叶25克，老姜50克，紫皮大蒜头2个，安溪铁观音茶25克。

做法： 先将大蒜剥皮，老姜洗净、切片，再把大蒜捣碎，然后把大蒜、老姜、茶叶放入锅中，用适量的清水煎煮5分钟后，加食盐少许，最后把汤液过滤，倒入杯中即可外敷于神经性皮炎处。

用法： 每日1～2剂，每天外敷4～6次，分2天外洗。

功效： 艾叶苦辛，温，入脾、肝、肾三经。具有理气血、驱寒湿、温经止血、益气安胎等作用，对于心腹冷痛、泄泻转筋、月经不调、胎动不安、神经皮炎等症功效显著。老姜具有清热祛风、清热解毒等作用。大蒜具有消炎杀菌的作用。艾叶、老姜、大蒜与安溪铁观音茶搭配外敷，具有消炎杀菌、调节气血、温经止痛等功效，通常用于神经性皮炎。

※ 健脾养胃陈皮花椒茶

配方： 陈皮150克，花椒20克，八角20克，安溪铁观音茶150克。

做法： 先把陈皮、花椒、八角、安溪铁观音茶切碎或碾碎，然后将其均匀掺合在一起。每次饮用前，取用这种混合的配料4～5克，放入茶杯中用开水浸泡8～10分钟或放入锅中加水煮沸，等待开水温凉时即可饮用。

用法： 每天2次，早晚各1次。

功效： 陈皮、花椒、八角具有温热、祛风、养胃等作用，一般用于炖一些肉类。铁观音茶有杀菌止痢、清热降火、提神益思、清心明目的作用。另外，铁观音茶还能降低血脂，对防治冠心病、高血压、动脉硬化等心脑血管疾病有一定的作用，适合各种肥胖症者饮用。陈皮、花椒、八角与安溪铁观音搭配饮用，具有清热祛风、健胃益脾等功效，对于脾胃不和及脾胃虚寒者长期服用效果较佳。此款茶疗秘方也是根除和治疗狐臭的良药，效果较佳。

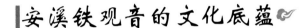

安溪铁观音的文化底蕴

※ 铁观音的传说

铁观音茶有独特的"观音韵"，香清雅韵，冲泡后，有天然的兰花香，滋味纯浓，香气馥郁持久，有"七泡有余香"之誉。世代以来，安溪流传着很多生动感人的茶的传说。

观音托梦

相传，1720年前后，安溪尧阳松岩村有个叫魏荫的老茶农，主要靠卖茶为生，整日勤于种茶，他所种之茶都比较出众，茶树枝繁叶茂。而且他特别信奉佛教，敬奉观音。据说他每天早晚一定在观音像前敬奉一杯清茶，十年如一日，从未间断，以此来表示他的诚意。一天晚上，他干完农活回来，累得倒头就睡在了观音像前。在他睡熟后，梦到自己扛着锄头走出家门，来到一条溪涧旁边，一路玉树丛生，泉水潺潺，山路延伸。走着走着，到了一座大山脚下，忽然，在石缝中发现一棵茶树，只见这棵茶树枝壮叶茂，叶肥汁多，茶香四溢，跟自己先前见过的所有的茶树不同。第二天，他一觉醒来，依稀记得自己昨晚的梦境。于是他便顺着昨夜梦中的道路，开始寻找那棵茶树。一路走来，穿过丛山峻岭，果然在石坑的石隙间，找到了那棵梦境中的小茶树。仔细观看后，才发现这棵茶树与其他茶树有很大的不同，只见茶叶形状椭圆，叶色嫩绿，叶肉肥厚，嫩芽紫红，青翠欲滴。魏荫十分高兴，心想如果把这棵茶树移回自己家中，将来长出来的茶叶一定能卖个好价钱。于是魏荫兴高采烈地将这棵茶树挖回并种在自己家中一口铁鼎里。经过精心培育，茶树长得十分茂盛，果然他因此赚到了许多钱。因这茶树是观音托梦而得，遂将此茶树取名"铁观音"。

乾隆赐名

相传，在清朝雍正年间，安溪西坪南岩仕人王士让，他在乾隆六年曾出任湖广黄州府蕲州通判，此人颇有才艺，曾经在南山之麓修筑书房，并取名"南轩"。清朝乾隆元年（1736年）的春天，王士让与诸位好友吟诗作赋于"南轩"。每当夕阳西坠时，就在南轩旁徘徊。

一天，他突然发现层石荒园间有株茶树傲然而立，英姿飒爽，与众不同，甚是好奇。于是就把此茶树移植在南轩的茶圃中，经过他每天的精心呵护，悉心培育，茶树越发茂盛，年年茁壮成长，而且此茶树与众不同，枝叶茂盛，圆叶红心，采摘鲜叶，制成茶团，色泽乌润油亮，形状肥壮。泡饮之后，茶香四溢，满屋留香，香馥味醇，沁人肺腑。

乾隆六年（1741年），王士让被奉召入京城，偶遇礼部侍郎方苞，王士让向来敬佩其为人，遂把此茶叶送给方苞。方苞闻此茶味非凡，便转送内廷进献给皇上。皇上品尝后极为赞赏，遂问尧阳茶史，因此茶粗壮结实，沉重似铁，色泽乌润，条形紧接，冲泡后茶香四溢，犹如"观

音"，遂赐名"铁观音"。

※ 安溪铁观音茶文化景观

走进安溪，这里茶文化景观遍布，特色鲜明，名茶飘香。景色秀丽的西坪为铁观音发源地，这里茶园层层叠叠，满目青翠，随之即是绿的世界，茶的海洋。茶叶的芳香令人回味。感德镇生态观光茶园是全国最美、最好的生态风光茶园，茶山形态秀丽，绿色无边，还有最原始的茶歌对唱

西坪镇景区

西坪山因水而清，水因山而秀。地势较高，群山环抱，峰峦绵延，云雾缭绕，雨量充沛，温度适宜，属于铁观音发源地旅游景区，流传有历史上观音托梦的"魏说"和乾隆赐名的"王说"。

"魏说"的松岩村景区：据说当年魏荫发现的铁观音茶母树就是位于松岩村，这里景色秀丽，是历来人们观光游玩的旅游之地，最为著名的有打石坑和代天府旅游景点。

　　"王说"大宝山景区：铁观音发源地风景区就是位于王士让所建书房——"南轩"，地处尧山村。村中岩石不计其数，岩石旁为王士让读书处。东有著圣坊，下有南阳石和移植百年的铁观音茶树。村中主要以"山如元宝"而得名的大宝山而著称，这里地势高峻，平均海拔高达1163米，这里是历代游人避暑休闲、登山观日的胜地。这里有潘思光墓，是县级文物保护单位，位于大宝山下的留山村。而邻村的珠洋村有两块奇石，两石的奇特之处是狮虎两石裂缝大小可变。据说两石张合时间长达60年。因两石奇异罕见，人们遂取名一石为虎嘴石，另一石为狮嘴石。特入载《安溪县志·祥异篇》。

　　西坪镇景区还有始建于明洪武五年（1372年）位于赤石村长坑的土楼，名为"聚斯楼"。据省文管部门初步认定，土楼极有可能是福建省内现存的最早兴建的土楼建筑之一。此外，著名的建筑物还有平原村的基督教堂、培田的土楼、日月两座古寨、柏叶村的林氏祖宇，以及西原村的奇苑楼、活水厝等景区，也是游人畅游的景点。

感德镇景区

感德镇景区位于安溪的西北部，是安溪铁观音的闻名遐迩的主要产茶大区。这里自然资源十分丰富，经济发达，人口密集，蕴藏着深厚的茶文化底蕴。感德镇素以"感恩戴德"著称，也有"天下茶叶第一镇"的美誉。

南接长坑、祥华、福田三乡，北邻永春县一都、横口两乡，东连剑斗镇，西毗漳平市，西北与桃舟乡相连，面积22178公顷。感德镇境内有远近闻名的潘田铁矿，有近5千米长的华东最长隧道坑仔口隧道，还有漳泉肖铁路第一桥尾厝大桥。

感德镇是"保生大帝"吴本的出生地，这里翠岗起伏、绿水长流，旅游资源十分丰富，也是云中山省级自然保护区所在地。经各地专家考证，吴真人系感德石门村人，独石门有"玉湖殿"之称，属于安溪县西北重镇感德的一个行政村。在石门村入村处设有三方巨石，酷似石门，天然构成石洞，洞可通人，海拔千余米的石门村因此而得名。始建于清康熙年间（1662～1722年）的玉湖殿地处戴云山脉石门尖畔，坐北朝南，依山而筑，上仰苍天，下俯家邦，形如"蜈蚣吐珠"，气势雄浑，青山蜿蜒环后，浑圆山包在前，景色宜人。殿中悬挂"真人古地"之匾，内设有保生大帝塑像，殿中柱联分别为："保佑遍寰区，大道为公扬佛法；生成周海宇，帝心天威著神恩。""保佑家邦，大道洋洋光祖宇；生成民物，帝恩浩浩达九霄。"千百年来游感德镇的游客络绎不绝，此地不但青山绿水，而且人杰地灵，香火鼎盛。

※ 铁观音茶的传承

茶艺作为中国茶文化的重要组成部分，正逐步成为现代人喜爱的生活艺术。安溪铁观音独特的泡茶茶艺与中国茶道历史传承有着千丝万缕的关系。

安溪铁观音不仅代表着人们饭桌上的饮用佳品，它更多代表着一种中国上下五千年历史悠久的文化底蕴，一种艺术的神韵，一种感恩于自然、敬重于茶农、诚待于茶客、联茶友之情谊等。同时，它也是对中国茶道精髓的一种体现，体现着人与人之间要和睦相处，体现着人和自然与茶要和谐，而这种茶道文化的精髓也恰恰是中国上下五千年深厚文化底蕴的结晶。

传达"纯、雅、礼、和"的茶道精神理念的安溪铁观音茶艺深受人们的高度赞扬。上海人称它是安溪"茶乡一绝"，《解放日报》主编丁锡满以"嫩柳池塘初拂水"之句赞美安溪茶艺。首都文艺界称它为"中国文化之精品"。茶业界将它与韩国茶道、日本茶道并称为国际三大茶道。历代文人墨客也"志寄茶韵、笔唤乡情"，以此来赞美安溪乌龙茶之神韵。

1986年10月，在法国巴黎获"国际美食旅游协会金桂奖"，被评为世界十大名茶之一。

1995年3月，安溪县被农业部命名为"中国乌龙茶（名茶）之乡"；2001年，被农业部确定为"第一批全国无公害农产品（茶叶）生产基地县"，并被农业部、外贸部联合认定为"全国园艺产品（茶叶）出口示范区"；2004年，安溪铁观音被国家列入"原产地域保护产品"；2006年1月，"安溪铁观音"商标被国家工商总局授予"中国驰名商标"称号。

安溪铁观音独具特色的文化底蕴，我们要将其不断发扬光大，传承中国上下五千年的文明历史。"欲知天下茶，请到安溪游。"来到安溪观音的茶树下定能让你忘情山水间，陶醉在浓浓茶香和醇厚的茶文化之中。

第十一章 祁门红茶——色艳高香妒群芳

名茶介绍

※ 茶叶历史

祁门红茶，简称祁红，是红茶中的精品。"祁红特绝群芳最，清誉高香不二门。"深刻道出了祁门红茶超凡脱俗的优异品质和特点。祁门红茶素以条索细紧匀齐、香气芬芳馥郁、茶叶浓醇鲜爽、制工精细而闻名国内外市场。特别是在英国伦敦市场上，祁红被列为茶中"英豪"，是英国女王及其王室中至爱的饮用佳品。素有"群芳最"和"红茶皇后"的美誉。

祁门产茶历史悠久，可追溯到唐朝。祁门一带很早就以生产绿茶而颇有名气。据史料记载，唐咸通年间，司马途在《祁门县新修阊江溪记》称，"千里之内，业于茶者七八矣……祁之茗，色黄而香"。可见祁门一带从事茶叶人数众多。

据说祁门一带，在清光绪之前主要以生产绿茶为主，而并不生产红茶。相传祁门黟县有个叫余干臣的人，在朝为官多年，被罢官后，回到家乡经商，因为他很早就很羡慕福建的红茶畅销利厚，于是他便

萌生了在当地种植红茶的想法。随后又在至德县尧渡街设立红茶庄，仿效福建闽红制法，生意出乎意料得红火。于是第二年，他便到祁门县的历口、闪里也设立了红茶茶庄。与此同时，祁门当地人胡元龙在祁门南乡贵溪进行"绿改红"，亲自设立"日顺茶厂"试生产红茶竟然也大获成功。从此以后祁门开始逐渐改制红茶，并且不断地扩大经营，胡云龙也因此被视为祁红的创始人之一，被世人称为祁红鼻祖。

祁门红茶条索紧细秀长，金毫显露，色泽乌黑，鲜润泛灰光，滋味醇厚，味道鲜爽，汤色红艳明亮，特别是其香气酷似果香，又带兰花香，清鲜而且持久。国际市场把"祁红"与印度大吉岭茶和斯里兰卡乌伐的季节茶，并称为世界公认的三大高香茶。

1911年前后，祁门红茶的生产进入鼎盛时期，年产量竟然达到6万担以上。后来，因为国内军阀混战，再加上两次世界大战的影响，我国的红茶开始进入衰退时期，产量受到很大的影响。但是祁门红茶的发展态势一直较好，产量逐年增加，至1939年祁门县最高年产达4.9万担，占当时全国红茶总产量的1/3。

新中国成立以后，起初祁门红茶的产量下降到9 618担；后来逐渐才有所增加，到1956年发展至3.3万担；到了近代祁门红茶的年产量依然遥遥领先，1983年仅出口量就达5.7万担；截至2014年，祁门红茶的产量依然占据我国红茶的首位。

※ 产地及自然环境

祁门红茶产于安徽省祁门、东至、贵池、石台、黟县，以及江西的浮梁一带。由于其品质超群，因此被誉为"群芳最"，这与祁门地区的自然生态环境条件优越是分不开的。

祁门地处安徽省的南端，由东向西被黄山支脉环绕，东有楠木岭，南有榉根岭，西北有大洪岭和历山。地形主要以山地为主，其中山地面积占总面积的90%以上，地势较高，平均海拔高度约600米。

最早生产祁门红茶的重要产地就是祁门的历口一带，其中主要以黄家岭、贵溪、石迹源等地所产的祁门红茶质量最优。其茶味道浓郁，色感俱佳，而且茶叶薄厚适中，滋味醇厚，深受购茶人的喜爱。每年海外茶商采购茶叶时，都须待贵溪胡日顺贡贡、历口黄山、白岳3个箱到沪，才开盘采购，历口所产的祁门红茶也因此成了红茶之冠。

而祁门红茶的80%茶园分布在海拔100~350米的峡谷地带。此地带植被茂盛，玉树丛生，其中森林面积占80%以上，良好的森林植被为茶树的生长遮蔽阳光，遮挡风雨，因此所生长的祁门红茶大多叶嫩汁多。再加上此地早晚温差大，常有云雾缭绕，且日照时间较短，白天茶树可以积累大量的有机物，夜晚温度低，有效地抑制茶树的有氧呼吸，从而使茶叶可以积累大量的芳香物质，为茶树生长创造了天然佳境，酿成了祁门红茶特殊的芳香厚味。

※ 采制过程

祁门红茶的采摘要求十分严格，一般要求现采现制，这样可以有效地保持鲜叶中的有效成分。高档的祁门红茶采摘的原料主要是一芽一叶或一芽两叶，一般做到分批、留样、多次采摘。一般春茶采摘为6~7

批，夏茶则采摘6批，而秋茶则做到少采或不采。

祁门红茶的采摘时间一般在谷雨到清明时节进行。因为谷雨时节雨量比较充沛，茶树在这段时间生长得较快，且茶树的芽叶十分幼嫩，叶肥汁多，所以适于祁门红茶的采摘。此外，祁门红茶经过上一年自秋季以来长期的休养生息，茶树已经积累大量的营养成分，特别是储存了大量的芳香物质，因此冲泡出来的祁门红茶一般都表现为茶香四溢，芳香醇厚，令人心旷神怡。

祁门红茶的采摘地点主要位于祁门历口境内的茶园，作为主要的原材料采摘地，这里平均海拔在600米以上，常年云雾缭绕。茶农每天都要爬到600多米的高山上采摘茶芽，采摘回来的鲜叶还要进行细心地挑选，把茶梗和不符合要求的茶芽挑选出来。然后，经初制、揉捻、发酵等

多道工序制作完成。祁门红茶的加工与绿茶相比，最重要的是增加了发酵的过程。一般加工1千克上等的祁门红茶大约需要6千克采摘的鲜嫩芽叶，可见祁门红茶中凝聚着多少茶农辛勤劳动的心血和汗水。

※ 鉴别方法与选购

鉴别和选购祁门红茶时，可以从茶形、茶色、茶香、茶汤几个特征进行。而选购正品的祁门红茶，一般可以从茶叶的茶形、茶色、茶香、茶汤和干燥度、纯净度等方面综合考虑，才能辨别出祁门红茶的优劣。

鉴别方法

茶形：外形条索紧细匀整、锋苗秀丽、均匀整齐为上等祁门红茶，反之如条索粗松、匀齐度差的，则为质量次级祁门红茶。

茶色：上等的祁门红茶干茶色泽乌润光亮、色泽一致，如果色泽不一致，带有枯暗死灰的茶叶则为次级祁门红茶。

茶香：香气馥郁的质量优异，为祁门红茶的上品茶，而如果香气不纯，带有青草气味的，为质量次级的祁门红茶，香气低闷的为劣质祁门红茶。

茶汤：汤色鲜红明亮的为上等祁门红茶，欠光泽的则为次级祁门红茶，而汤色浑浊不亮的则为劣质祁门红茶。

滋味：上等祁门红茶滋味醇厚、香爽，次级祁门红茶带有苦涩味，如夹杂有其他异味的则为假冒或是变质的祁门红茶。

叶底：叶底明亮的为上等祁门红茶，叶底花青的为次级祁门红茶，而叶底深暗、多乌条的为劣质的祁门红茶。

选购

一摸：判断茶叶的干燥程度。任意找一片干茶，放在拇指和食指指尖用力一捻，如果马上成粉末，则干燥程度足够；如果是小碎粒，则干燥程度不足，或茶叶已经吸潮。干燥度不足的茶叶较难储存，香气也不高。

二看：看干茶是否符合祁门红茶的基本特征，包括外形、色泽、匀净度等。

三嗅：闻一闻干茶的香气高低和香型，辨别是否有烟、焦、霉、酸、馊等劣质气味和各种夹杂气味。

四尝：当干茶的含水量、外形、色泽、香气等均符合要求后，取3克左右的祁门红茶放在杯或碗中，冲入150毫升左右的沸水，5分钟后嗅其香气，再看汤色，细品滋味。

另外，祁门红茶的陈茶与新茶也有很大的区别。一般而言，祁门红茶新茶的特点是色泽、气味、滋味均有新鲜爽口的感觉，手指捏之能成粉末，茶梗易折断，含水量较低，茶质干硬而脆。而存放一年以上祁门红茶的陈茶特点是饮时有令人讨厌的陈旧味，色泽枯黄，香气低沉，滋味平淡，含水量较高，茶质柔软。

※ 炒法

祁门红茶独特的品质，与严格的采摘和后天精心的炒制工艺是密不可分的。祁门红茶的炒制工艺一般分为初制、精制和精制加工3道程序，其中初制包括萎凋、揉捻、发酵、烘干等工序。

萎凋：采用了萎凋槽进行。将采摘回来的鲜叶萎凋，目的是不仅可以去除鲜叶中的青草气，还可以增加茶叶的柔韧度，为后期茶叶成形做准备。

揉捻：要掌握用力适度，首先轻捻大约35分钟，然后用力重揉大约35分钟，当茶叶结成一团团块状，最后再轻捻结块，直到茶叶细胞充分破碎，鲜叶逐渐变成古铜色可可，时间为35分钟左右。

发酵：先提供一个完全密闭的空间，然后将揉捻完毕的茶叶放入专用的发酵室中进行充分发酵。

成形：属于制作祁门红茶独特品质的一个最重要成形工艺。一般需要专业的茶叶成形师全手工操作。先把铁锅加温至70～80℃，然后用手工搓揉茶叶，直到把每颗茶叶都搓成条形，最后再反复翻炒，来回重复3次，这时茶叶基本成行，条形紧结、细长，成条形。一般情况下，一个好的成形师一天只能制出3千克左右的茶。

干燥：用炭火烘焙的祁门红茶，主要是利用光的辐射使祁门红茶的内含物质发生缓慢变化，通过这一过程将茶叶中高沸点的芳香物质转化成低沸点芳香物质，同时还可以把不易溶于水的高分子蛋白质转化为易溶于水的氨基酸。这样不仅提高祁门红茶的香味和口感，还可以将茶叶中的对人体有益的营养物质得到很好的转化。一般用炭火烘焙的祁门红

茶具有特殊的芳香，从而达到滋味醇厚的效果。

精制：红毛茶制成后，还须进行精制，分清长短、轻重、粗细等，然后剔除茶叶中的杂质。祁门红茶精制很费工夫，因此精制后的祁门红茶又称为"工夫茶"。精制工序繁复，祁门红茶成品经毛筛、抖筛、分筛、装箱而制成。

※ 级别品种

祁门红茶根据其外形和内质的不同，可以将祁门红茶的等级分为：礼茶、特茗、特级、一级、二级、三级、四级、五级、六级和七级。下面分别从茶叶的香气、滋味、外形和叶底等特征上进行区分。

礼茶：香气高醇，有鲜甜清快的嫩香味，带有独特的"祁红"风格；外形细嫩整齐，多嫩毫和毫尖，色泽润；汤色红艳明亮；叶底色鲜艳，整齐美观。

特茗：香气高醇，有嫩鲜香甜味，有独特的"祁红"风格；外形条索细整，嫩毫显露，长短整齐，色泽润；汤色红艳明亮；叶底色泽鲜艳，嫩芽叶比礼茶较少。

一级：香味高浓，具有"祁红"特有糖果香；外形条索紧细，嫩度明显，长短均匀，色泽润；汤色红艳明亮；叶底色泽红艳，嫩叶均整。

二级：香味醇厚，有"祁红"的果糖香；外形条索细正，嫩度较一级少，色泽润；汤色红艳不及一级明亮；叶底条均整，发酵适度。

三级：香味醇正，鲜厚有收敛性，"祁红"特征依然显著；外形条索紧实，较二级略粗，整度均匀，稍有松条；汤色红明；叶底条整，发酵适度。

四级：香味醇正，有相应浓度，仍有"祁红"风味；外形条索粗实，叶质稍轻，匀净度较差，色泽带灰；汤色明较淡；叶底色红而欠匀，夹有花青，而且均整度较差。

五级：香味醇甜偏淡，但无粗老味；外形条索较粗，稍有筋片，匀净度较差，色泽带灰；汤色红淡；叶底花青，稍含梗。

六级：香味粗淡，浓度不足；外形条索较松，夹有片朴，色泽花杂；汤色红淡，明亮不够；叶底红杂，带有茶梗。

七级：香味低淡，有粗老味；条索松泡，身骨轻，带片朴梗，色泽桔杂；汤色淡而不明；叶底粗暗梗显。

※ 茶饮功效

祁门红茶属于全发酵的红茶，成分中拥有多项药理作用。红茶中的茶多酚对吸附生物碱和重金属都有不错的效果，从而达到解毒的作用。祁门红茶里的矿物质、维生素和多酚类化合物等，可消除脂肪、溶解油腻，促进人体消化，有养胃等作用。其中的氟和儿茶素，可保护牙齿，抑制人体的细菌滋生，同时保护肠内有益菌的繁衍。夏天喝祁门红茶还具有生津清热的效果。此外，红茶还具有延缓老化、降血糖、降血压、降血脂、抗癌、抗辐射、利尿等功效。

※ 储存

祁门红茶与其他红茶一样都要求提供一个清洁、干燥、无异味、避光、空气流通的储存环境，如瓦坛储存、塑料袋储存、热水瓶储存、冰箱储存等都是较为常用的储存祁门红茶的方法。

冲泡方法

※ 用水

冲泡祁门红茶宜选用山泉水最佳，其次可以选用矿泉水或纯净水。

※ 选器具

茶壶、公道杯、品茗杯、闻香杯、基本工夫茶具1套（其中包括竹节茶道六件套、茶海1个和存茶罐1个），电水壶1个。

要求茶壶、公道杯、品茗杯、闻香杯放在茶盘上，电水壶放在茶盘右侧，茶道、茶样罐放在茶盘左侧。

※ 冲泡方式

祁门红茶属于红茶中的极品，冲泡祁门红茶最佳的方法应选用工夫茶艺。

※ 泡茶步骤

赏茶：用茶匙摄取少量祁门红茶放于洁净赏茶盘中，供宾客观赏。

洁具：先将开水倒入水壶中，然后将水倒入公道杯，接着倒入品茗杯中。这样不仅可以预热茶具，还可以清洁茶具，随后要擦干杯中水珠，避免茶叶吸水，不利于以后的冲泡。

置茶：用茶匙从茶叶罐中取出祁门红茶，茶叶与水按照1∶50的比例，从茶叶罐中取出适量的茶叶，然后放入茶壶中待泡。

洗茶：右手提壶加水，左手拿盖刮去泡沫，然后将盖盖好，再将茶水倒入闻香杯中。洗茶讲究一个快字，使茶香唤醒即可。

泡茶：洗茶水倒去，后用95℃左右的开水倒入茶壶中(注意高冲低倒)，大约泡制4～5分钟。

第一泡：将100℃的沸水加入壶中，大约冲泡1分钟，然后将水倒掉，右手拿壶先把茶水倒入公道杯中，最后再从公道杯斟入闻香杯，要求七分满。

鲤鱼跳龙门：先用右手把品茗杯反过来盖在闻香杯上，要求右手大拇指放在品茗杯杯底上，食指放在闻香杯杯底，翻转一圈。

游山玩水：左手握住品茗杯杯底，用右手将闻香杯沿杯口转一圈，然后将闻香杯从品茗杯中提起。

喜闻幽香：左手拿闻香杯，用大拇指捂着杯口，要求杯口朝下，杯口对着自己，旋转90度，放在鼻子下方，细闻祁红的幽香。

品啜甘茗：重在一个"品"字，要做三口喝，仔细品尝，探知祁门红茶中的甘味。

※ 注意事项

1. 用玻璃杯泡茶时不能用手握杯身，这样会使指纹印在杯壁上。

2. 因为是用玻璃杯直接饮用，投茶量宜少不宜多。

3. 祁门红茶冲泡时，茶水比例1∶50，水温在95℃左右。

4. 玻璃杯在冲水时，小心烫手，最好拿杯子底部。

茶疗秘方

※ 补气散寒人参肉桂茶

配方：人参6～10克，肉桂5克，祁门红茶3克。

做法：先将人参、肉桂、祁门红茶一同放入锅中，加入适量清水搅拌均匀，然后开火煮沸5～10分钟，冷至适口温度，即可代茶饮用。

用法：每日1～2次，饮用时间不限。

功效：人参可以大补元气，还可以补脾益肺，通常用于病后体虚者。肉桂具有补火助阳、引火归原、散寒止痛、活血通经的功效，用于肾虚作喘、心腹冷痛、阳痿宫冷、腰膝冷痛、虚寒吐泻等患者。人参、肉桂与祁门红茶搭配饮用，具有健脾养胃、散寒等作用，对于肾虚作喘、心腹冷痛、阳痿宫冷、腰膝冷痛、病后体虚等症能起到很好的疗效。

※ 利尿健胃糯米茶

配方：糯米50克，祁门红茶2克。

做法：先把糯米淘洗干净，再将糯米放入沸水锅中煮熟后，舀出；随后把祁门红茶放入锅中，用糯米水煎煮片刻即可饮用。

用法：每日1～2次，饮用时间不限。

功效：糯米可补中益气、止消渴、暖脾胃。红茶性温，可利尿消肿。现代医学证明，红茶可以帮助胃肠消化、促进食欲、舒张血管、降低血脂。糯米与祁门红茶搭配饮用，具有利尿消肿、帮助胃肠消化、促进食欲、舒张血管、降血脂的功效。此茶疗秘方可用于糖尿病、高血脂、水肿等患者。

※ 杀菌解毒砂仁蒲公英茶

配方：砂仁6克，蒲公英5克，祁门红茶3克。

做法：先把砂仁、蒲公英，祁门红茶放入杯中，搅拌均匀，然后用200毫升开水冲泡5～10分钟，冲饮至味淡。

用法：每日2剂，早晚各1次，7天为1个疗程，效果较佳。

功效：砂仁具有化湿开胃、温脾止泻、理气安胎的功效，可用于湿浊中阻、呕吐泄泻、妊娠恶阻、胎动不安、脘痞不饥、脾胃虚寒等症状。蒲公英具有清热解毒、利尿散结、抗菌的功效。蒲公英与祁门红茶搭配饮用，具有较强的杀菌、解毒、消炎等功效，可用于急性乳腺炎、急性支气管炎、急性肺炎、脾胃虚寒等症，也可用于胃炎、肝炎、腮腺炎、结膜炎、肺癌等症。

※ 化痰开胃酸橘茶

配方：柠檬1个，柑橘1个，蜂蜜1勺，沙士1勺，祁门红茶包1个。

做法：先把柠檬、柑橘洗净，然后用刀各切成4片后放入锅中，加入适量的清水煮热，煮沸后分别加入沙士和蜂蜜，搅拌均匀，再把祁门红茶包放入锅中，加盖焖泡3～5分钟后，用滤网过滤，将汤液倒入茶杯中饮用即可。

用法：每日1～2次，饮用时间不限。

功效：柠檬具有健脾开胃、消暑理气、美容养颜等功效。柑橘具有开胃理气、止咳化痰等作用。蜂蜜具有美容养颜、补血益气等功效。沙士具有促汗、解热、利尿等作用。柠檬、柑橘、蜂蜜、沙士与祁门红茶搭配饮用，具有开胃理气、润肺生津、消暑提神等功效，对于中暑头晕、精神不集中有很好的效果。

※ 益气提神橘花茶

配方：橘花3～5克，祁门红茶3克。

做法：先将橘花和祁门红茶放入茶杯中，加入沸水200毫升左右，冲泡10分钟后，即可代茶饮。

用法：每日1～2次，不拘时温服。

功效：橘花具有温中理气、和胃止痛的作用，它与祁门红茶搭配饮用，茶香味浓，带有很强的花果香，饮后沁人心脾。此茶疗秘方还具有温中益气、和胃止痛、健脑提神的功效。

※ 驱寒温肾小茴香茶

配方：小茴香5克，红糖10克，祁门红茶3克。

做法：小茴香因为煎煮后味道比较浓郁，所以人们习惯将其冲泡着饮用。先将上述的小茴香、祁门红茶分别放入杯中，加入约200毫升的开水冲泡，3～5分钟后，加入适量红糖调适，即可饮用，也可随冲随饮。

用法：每日1～2次，饮用时间不限。

功效：小茴香具有温肾散寒、和胃理气的作用，可防止便秘、胃肠胀气和腹绞痛。红糖有补血、暖胃、益气的功效。小茴香、红糖与祁门红茶搭配饮用，具有驱寒暖胃、温肾补血、理气益气等作用，可用于因受寒导致的脾胃失调、身体虚弱等症。

※ 安神驱寒桂圆莲子茶

配方：桂圆15克，莲子10克，红枣3个，祁门红茶3克。

做法：先把莲子去芯，红枣剥开去核，分别放入锅中，加水浸泡1小时，再加入去皮的桂圆一同煮沸10～15分钟后熄火，最后将祁门红茶放入锅中浸泡5～8分钟，过滤汤液，即可饮用。

用法：每日1～2次，饮用时间不限。

功效：莲子能安神、健脾、止寒。桂圆也称龙眼，其味道甘甜，能温补气血，缓和手脚冰冷，两者皆是平时养生中的圣品。红枣可以安神、补血、养颜。莲子、桂圆、红枣与祁门红

茶搭配饮用，可以起到补血安神、健脾止寒、温补气血等功效，对于手脚冰凉、脾胃寒而不和者具有很好的疗效，长期饮用此茶疗对于身体虚寒、月经不调等效果显著。

※ 润肺暖胃生姜蜂蜜茶

配方：生姜20克，蜂蜜1勺，冰糖15克，祁门红茶茶包1个。

做法：先把生姜洗净、切丝，然后把生姜放入锅中加入少量冷水煮开，再加入冰糖熬煮25分钟后，再把祁门红茶包放入锅中，2～3分钟后熄火，将煮好的姜茶晾凉，加入适量的蜂蜜调匀，即可饮用或装入玻璃瓶密闭保存。

用法：每日1～2次，分2～3次温服，饮用时间不限。

功效：生姜具有暖脾养胃、发汗解表、温中止呕等作用。蜂蜜既有补血益气的功效，又具有美容养颜和减肥的作用。冰糖具有润肺、止咳化痰、生津止渴等功效。生姜、冰糖、蜂蜜与祁门红茶搭配饮用，具有消炎润肺、止咳化痰、暖胃健脾等作用，适用于病后或老年人脾胃虚寒、反胃食少、感冒发热、头痛鼻塞、腹痛腹泻等症状。

祁门红茶的文化底蕴

※ 祁门红茶的传说

相传在清朝光绪年间，安徽黟县出了一位举人，此人名叫余干臣，得到当地官员的推举被派到福建安溪县衙做书史。在干臣临上任时，其父亲对他嘱咐道："这次出外做官，有学艺机会千万别放过，切记学点技术回来，一生用不尽"。

余干臣上任不到3年，不料他的长官因故罢官，随后他也跟着厄运袭来，不慎也丢了自己的官职。就在他穷困潦倒时，突然想起老爹叮嘱的话，于是他便动了学习技艺的念头。想到自己的家乡产茶，但是炒茶技术却与福建的炒茶工艺大不相同，于是他把福建制造"工夫红茶"的技术学成，带回自己的故乡，另谋其他财路。

余干臣回到自己的家乡后，告之老父亲自己不慎丢了官职的原因，带着弃官从商的念头，并说明他在福建学成了制造"工夫红茶"的技术。其父满心高兴，于是开始帮助他建茶厂，开始尝试着制造红茶。因为邻近产茶县都以祁门为中心，遂将他制造的红茶称为"祁门红茶"。因为制造的红茶在当地收入可观，生意很好，所以他们又在黟县、至德、祁门开了3处茶庄，都以"祁门红茶"作为自家生产的商标。从此祁门红茶声誉鹊起，原来附近制造绿茶的茶庄也竞相仿造，数年后祁门红茶便享誉世界。

※ 祁门红茶文化景观

祁门牯牛降

牯牛降位于安徽石台、祁门两县交界处，地势广阔，其中核心区面积约6 667公顷。在古时，牯牛降被称为"西黄山"，是黄山山脉向西延伸的主体，素以雄、奇、险、秀著称，山势险峻，风光秀美，绮丽多彩。景区内有三十六大峰、七十二小峰，三十六大岔、七十二小岔。其中最高峰为"牯牛大岗"，海拔较高，最高处可以高达1 727.6米，似牯牛顶天而立。登临极顶，北眺长江如练，蜿蜒西去，美不胜收，南望群山连绵，黄山诸峰尽收眼底。尤为突出神奇的是秋高气爽时节，站在峰顶可以欣赏到圆弧状七色光环，若隐若现，随风飘浮滚动，有"佛光"的美誉，成为牯牛降景观一绝。

考坑大峡谷景区

考坑大峡谷纵深约20千米，幽深曲折，一直延伸至牯牛降腹部，景色奇绝。整个峡谷可以分为两部分，上部林茂草深，坡陡崖险，但景色更加瑰丽雄奇；下部为观溪、观石之佳处，区内有天然石头群"石猴拜佛"，因为出在西游记中，所以又得"西游峡"之名，同时这里也是探险旅游的好去处。云雾缭绕，气象万千；树木茂密，矫夭遒劲；群峰如聚，千姿百态。古人有《历峰巅晓日》诗，生动描绘其风光："朝阳渐丽满天红，共照高峰色倍工。石窍全开青雾散，松枝毕露绛纱笼。泉光皎洁如垂练，龙窟氤氲若带红。携酒来登巅上坐，文章满目妙无穷。"

※ 祁门红茶的传承

翻开历史史料，几乎每一页都可以嗅到淡淡的茶香。通过祁门红茶

茶艺表演，在有限的时空内，展现境佳、器净、艺精、茶美、水清的品茗意境。表演者出神入化的冲泡技艺，彰显东方文化的深厚意蕴，创造出一种全新的生活文化的艺术氛围。

祁门红茶曾经的荣誉更是享誉世界。1915年，获巴拿马万国博览会金质奖章；1980年，获国家优质产品奖章；1992年，获中国香港国际食品博览会金奖……现如今，茶已发展成为世界的三大无酒精饮料之一，一时间饮茶成为遍及全球的饮用佳品。从宫廷传到民间，形成了人们生活中喝早茶与午后茶时尚的品饮风尚。在法国人眼里饮用祁门红茶，是一种最时尚、最浪漫、最富有诗意的饮品。

祁门红茶跻身于中国十大名茶之列，与其独特的品质是密不可分的。它不仅是人们生活中饮用的佳品，更是中国茶文化中一道亮丽的风景线，传承和记载着中国茶文化的内涵，也激励着我们将其不断发扬光大。